高尔夫艺术
GOLF *by* DESIGN

高尔夫艺术

——如何利用球场设计掌握比赛

[美] 小罗伯特·特伦特·琼斯　著

徐博潇　译

中信出版社·CHINACITICPRESS ·北京·

图书在版编目 (CIP) 数据

高尔夫艺术：如何利用球场设计掌握比赛 /（美）琼斯著；徐博潇译. — 北京：中信出版社，2013.6
书名原文：Golf by Design: How to Lower Your Score by Reading the Features of a Course
ISBN 978-7-5086-3826-3

I.①高… Ⅱ.①琼…②徐… Ⅲ.①高尔夫球运动－体育建筑－建筑设计－作品集－美国－现代
Ⅳ.①TU245.1

中国版本图书馆CIP数据核字（2013）第 024020 号

高尔夫艺术：如何利用球场设计掌握比赛

著　　者：[美] 小罗伯特·特伦特·琼斯
译　　者：徐博潇
策划推广：中信出版社（China CITIC Press）
出版发行：中信出版集团股份有限公司
　　　　　（北京市朝阳区惠新东街甲 4 号富盛大厦 2 座　邮编　100029）
　　　　　（CITIC Publishing Group）
承 印 者：北京昊天国彩印刷有限公司

开　　本：889mm×1194mm　1/16　　　印　　张：20　　　字　　数：116 千字
版　　次：2013 年 6 月第 1 版　　　　印　　次：2013 年 6 月第 1 次印刷
京权图字：01-2012-5709　　　　　　广告经营许可证：京朝工商广字第 8087 号
书　　号：ISBN 978-7-5086-3826-3/G·951
定　　价：198.00 元

致父亲，母亲
及所有热爱高尔夫球运动的人们

位于弗吉尼亚州马纳萨斯河畔的
罗伯特·特伦特·琼斯高尔夫球
俱乐部。

目　　录

前　言

　　高尔夫球比任何一项户外运动都更吸引人。毋庸置疑，有多少拥趸，就有多少吸引人的原因。但是有一个原因大家都公认，那就是高尔夫球的场地风景宜人。

　　其他运动都很难将路线设计在如此优美的自然环境中，完美的高尔夫球场给球手带来的不仅是挑战，也是享受。

　　在运动的同时，我们的生命完全融入在沐浴着阳光的树叶、湖面和初生的小草中；置身于大自然奇妙的组合，身畔是庭院设计的艺术，而我们就在这样的环境中享受比赛。本书就是要带领我们进入这种奇妙的设计。了解高尔夫球场的设计不只是场地布局或灌木种植那么简单，它还可以有助于我们思考如何更好地进行比赛路线规划。

　　很多年前，我和鲍勃[1]与桑迪·塔特姆（Sandy Tatum）一起设计了位于加利福尼亚州卵石滩的西班牙湾林克斯球场[2]。在这期间，我亲身见证了鲍勃在充分考虑风向、草型、错觉等因素后对球场进行设计的全过程。

　　在本书中，鲍勃抛开设计者的形象，以一名球手的身份出现，他不再为我们展示球场的设计理念，而是带我们身临其境，完成比赛规划——击球的选择，和球场相关因素的考虑。作为一名资深高尔夫球场设计师，鲍勃的这一课对于任何球手都将影响深远。

　　书中"干货"众多，反复阅读将让我们获益匪浅。其中包括关于沙坑类型、错觉规

---

[1] 鲍勃是罗伯特的昵称。
[2] Links at Spanish Bay

避技巧、障碍因素应对等有益内容，而对果岭的深入分析，还让我们体会到果岭技术的重要性——没有什么事情能够不劳而获。

鲍勃的经验介绍会让高尔夫球手真正了解球场设计的重要性，同时让我们对击球环境有更深的理解。这些理解最终会帮助我们提升击球质量，从而降低击球杆数。

大多数高尔夫球手面对球场时，都是兴奋与紧张并存。本书给予了我们一个新的视角和自信，将会让我们对场地自然环境与设计特点有更深的感悟。

此外，它还会让我们享受到更多的比赛乐趣。

汤姆·沃特森

推 荐 序

　　小罗伯特·特伦特·琼斯的《高尔夫艺术》中文版即将由中信出版社出版，邀我做序，欣然同意。这本有关高尔夫球运动的经典图书，自问世以来，不断重印、再版，广受高尔夫球爱好者以及球场管理者的欢迎，引介到中国，我期待同样获得好评、受到欢迎。

　　中国的高尔夫运动只有短短30多年的历史，与改革开放几乎同步发展。而小罗伯特·琼斯与中国高尔夫球结缘，正是源于30多年前邓小平同志访美的机遇。1979年邓小平访美期间，在时任美国总统卡特的引荐下，当时已颇负盛名的高尔夫球场设计大师小罗伯特·琼斯见到了邓小平，当场向邓小平提出"是否考虑在中国建造高尔夫球场，开展高尔夫运动"。他没想到邓小平一口答应了，并热情地邀请他到上海去设计高尔夫球场。此后，小罗伯特·琼斯多次到上海选址，他中意在青浦淀山湖畔建立球场。双方历经多年艰难的磨合与努力，终于在1988年启动了他在中国设计建造的第一家高尔夫球场。上海青浦的这个球场，沿着淀山湖而建，充分利用了水域河道，使得每个洞都傍着水，而不用再挖人工湖，设计风格大气而别致，充满激情和变化。在中国高尔夫球运动开展的早期，这座球场设施完备，环境优雅，管理出色，连球童的素质都令人印象深刻，他们外语娴熟，服务到位，因此，那是当时我最喜爱的中国高尔夫球场。

　　球场设计大师小罗伯特·琼斯1939年出生于新泽西州蒙特克莱，他是传奇球场设计师老罗伯特·琼斯（Robert Trent Jones）的儿子。他从斯坦福大学毕业后即走上了设计师的道路。小罗伯特·琼斯在世界各地设计的球场就有200多座，近30年间，他在中国亲自设计建造了8家球场，可谓对中国高尔夫球运动的发展做出了贡献。

　　近些年来，中国的高尔夫球运动虽然在种种不如意的压制下，也还是获得了长足的发展，球场总数达到500多个，球场从业人员达15万人，每个18洞球场提供的就业机会近300人。高尔夫球场和高尔夫球俱乐部已经成为中国经济发展中的重要一员。

我认识小罗伯特·特伦特·琼斯（朋友们称他"鲍勃"）是由我的秘书吕锋介绍的，我对鲍勃和他那声名显赫的父亲老罗伯特·特伦特·琼斯先生都是早就知晓的，他们父子设计的高尔夫球场遍及全球700多家。我们一见如故，都对高尔夫这项运动充满热情，在推动高尔夫运动发展方面有着很多相同的理念。

我们都认为，现代高尔夫球运动在环境保护方面做出了极大的努力，可以与环境和谐共处。2012年，由我领导的朝向管理集团召开的高尔夫国际论坛，邀请了国土资源部、发改委等国内十一个部委和中外业内人士300多人参加，共同探讨高尔夫球与环境的关系。小罗伯特·特伦特·琼斯是这次论坛的重要嘉宾，他的演讲谈的就是"可持续高尔夫球场的设计原则"。他认为生态、自然环境等都是在不断变化的，生态的多样性也在不断变化。在球场设计中需要遵循的原则主要是：最小限度的灌溉、有天然的过滤系统、最大限度的自然天成，减少对环境的破坏。他对他要设计的作品——球场的原始地貌无比尊重和热爱，他说这是"基于大地，致于精神"。对此，我是很认同的。设计环境友好型的高尔夫球场，培养优秀的球场管理人才是中国高尔夫运动更快、更健康发展的必要条件。

高尔夫球运动适合各个年龄层的人参与其中。我一向认为，高尔夫球运动可以提升个人品质，鼓励运动者有求胜的意识和拼搏的冲劲，这样，就可能改变一个人的一生，引导他走正确的路，将来无论他们从事什么职业，打球的经历都会对自身有很大的激励与帮助。高尔夫球运动实在是应当从青少年抓起。

在国内，高尔夫球运动已经引起各方关注。中信银行自2006年起，每年都赞助"年度青少年高尔夫球对抗赛"，全力促进高尔夫球运动在中国的普及，为许多青少年创造了解高尔夫球文化、体验高尔夫球乐趣的机会。鲍勃一向致力于公众高尔夫球的推广，前年我们俩在一起商议，共同提议把中信赛引入美国夏令营，由鲍勃安排球场并亲自授课，现在这一项目正在一一落实中。此外，他极力推动"公众高尔夫球"的发展，他认为，这会让更多新一代了解高尔夫球运动，公共球场是发展公众高尔夫球最直接的方式，高尔夫球的普及程度可能会最终改变人们对高尔夫球的认识。在美国，政府是推广"第一发球台运动"的主力，老布什与克林顿竞选总统时也都在推广高尔夫球。芝加哥、底特律产业工人集聚地的工人，上班时就带着高尔夫球运动的行头，下班了，花很少的钱就能去打高尔夫球，这都有赖于公众高尔夫球场的普及。在今天的中国，我们也可以借鉴这一经验，政府应努力推动普及高尔夫球运动，俱乐部应该打破会员制的束缚，让普通人也能参与到这项运动中来。在推广公众高尔夫球发展的这一点上，我和鲍勃又想到了一起。

2016年，高尔夫球运动将成为巴西里约热内卢奥运会的正式比赛项目，这是高尔夫球运动在脱离了奥运会百年之后的第一次回归。在我看来，这是好的预兆，高尔夫球运动可以"脱下"贵族的外衣，回归为大众普及的运动，受到越来越多人的欢迎。

鲍勃在加入他父亲的事业前，已是一名成绩斐然的业余高尔夫球手，对高尔夫球运动的理解丝毫不亚于那些顶尖高手。他说过"厨师难道只会做菜，不会品尝美味吗？"他当然会打球，差点在10左右。这也是为什么他的球场设计得那么出色。球场的重要性怎么形容也不过分，当我们与朋友们一起去打一场高尔夫球时，以为自己只是在与同行的球手较量，但实际上与我们同场竞技的还有高尔夫球场的设计师。某种程度上可以说，设计师才是我们真正的对手。这本书就是教你如何像一名设计师一样去思考，帮助你提高自己的比赛技巧，征服球场。同时，这本书也是中国高尔夫球场管理者的巨大启迪之作。

我衷心希望中国有更多的人参与到高尔夫运动中来。它是独特的运动，从十几岁的孩子到七八十岁的老人，几乎能给人一生都提供很大帮助。

王军

中国高尔夫球协会副主席

中国职业高尔夫球员协会主任

2013年5月1日

中文版序

1983年我第一次到上海的时候，高尔夫运动在中国几乎不为人知。我首次造访就体会到，中国人会饱含热情和崇敬，以一种独特的方式投身到高尔夫球运动中去。

当时，我应时任上海市长汪道涵的邀请，赴上海设计一个名为迎宾花园[1]的球场，这座球场也最终成为了美丽、濒湖的上海乡村球场[2]。球场于1991年向公众开放，是当时中国的第三座18洞球场，也是上海首座标准球场。在与政府人员的密切合作中，中国人民给我留下了很好的印象，直到今日，我仍然很尊重中国人民。

上海乡村球场建设所用的技术知识和施工挑战对中国来说是前所未见的。三千立方米的运土工程，中国人民运用了大量人力辛勤劳作完成。这对于每个参与者来说都是份非凡的收获。

不久之后，果敢而具有创新意识的中国人学会了现代高尔夫景观技术，而我也在这之后又为中国设计了六座一流的高尔夫球场：

海峡奥林匹克高尔夫球场[3]，福建省福州市长乐市，1998年开放
星罗棋布的海风吹拂的海边沙丘和沙地松树里，隐藏着许多内陆球洞——这座球场堪称台湾海峡之珠。值得一提的是，福州的友好城市，美国华盛顿州塔科马市的钱伯斯

---

[1] the Guest House Park
[2] Shanghai Country Club
[3] Trans Straight Golf Club

湾球场[1]，将是2015年美国公开赛的举办地。

春城高尔夫球湖泊胜地球场[2]，云南省昆明市，1998年开放

引人入胜的山坡上，自上而下的球洞直通大型山地湖阳宗海。这里气候四季如春，缤纷的花朵让这个球场美不胜收。

亚龙湾高尔夫球俱乐部[3]，海南省三亚市，1998年开放

这是一个无边无际的热带胜地球场。场地美丽，每年都会有很多巡回赛在这里举办。

海逸酒店高尔夫球俱乐部[4]，广东省东莞市，1999年开放

这是一个位于起伏地带的27洞俱乐部球场，完全被环岗水库和周围的自然风光以及荔枝所包围。

昆明阳光高尔夫球俱乐部[5]，云南省昆明市，2003年开放

2 000米高原，起伏地形，特殊岩石结构，阳宗海风光，这就是昆明阳光高尔夫球俱乐部的组成。这座球场充分反映了高尔夫球和自然风光的有机融合。

颖奕安亭高尔夫球俱乐部[6]，上海市，2005年开放

这个球场场地平坦，球洞设置在城市的一个再造区域内。精心雕琢的各种球洞设置在河边，场地上的草皮修剪齐整。

另外，吉林省抚松县长白山松谷球会的东、西两个球场，都将在2012~13年开放。这两个球场都在长白山内，都是依地形量身定做，而其场址的选取也充分考虑了地理位置和地形情况。两个球场的设计充分为球手考虑，美好的景色中包含了许多种自然风光，其中还包括成熟的高树木林球洞。这里夏日是美好的高尔夫球场，冬日也是滑雪胜地。

---

[1] Chambers Bay
[2] Spring City Golf and Lake Resort
[3] Yalong Bay Golf Club
[4] Harbour Plaza Golf Club
[5] Kunming Sunshine
[6] Enhance Anting

我写这篇文章的时候，我们又已经完成了四个球场设计，而且还在为两个新球场建设努力。

目前，中国已经有超过600个高尔夫球场，各种气候、地形的球场都有涵盖，这项运动如雨后春笋般在中国茁壮成长，发展形势一时无二。而高尔夫球运动本身的技术技巧也在不断革新。高尔夫球现在已经是奥运会项目了，这项运动激励着中国的年轻人，而且已经开始风靡整个世界。高尔夫球练习场也在不断发展，我希望未来能够看到第一个属于人民的公共高尔夫球场出现。

高尔夫球场是个健康的所在，而且益处众多。这里物种丰富，空气清新。废弃矿井，荒凉农垦都可以成为高尔夫球场的所在，而且这也给了土地再利用的机会。中国根据自己的地形和文化，引入高尔夫球，并与中国具体情况相适应，中国的高尔夫球运动未来也将会有更大发展。

我非常感谢朝向高尔夫球公司董事长王军能将我的书引入中国并翻译出版，更重要的是，这次国际合作可谓是高尔夫球运动在中国里程碑式的事件。高尔夫是一项国际性的运动，也体现了全民的精神所在：年轻人，老人，世界上的每一个人。

小罗伯特·特伦特·琼斯

于美国加利福尼亚州帕洛阿尔托市

2013年1月18日

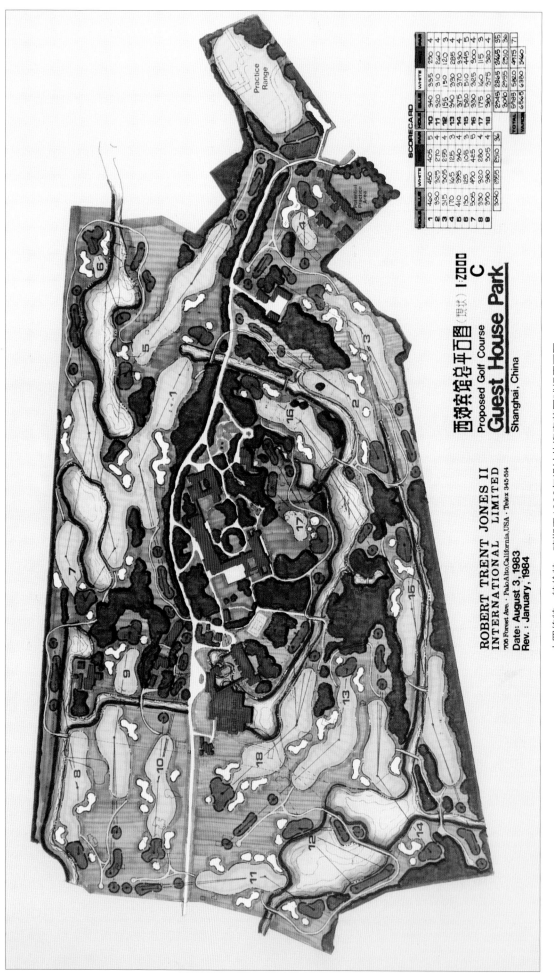

小罗伯特·特伦特·琼斯于1983年设计的迎宾花园球场平面图。

序

恰值美国公开赛（U.S. Open）期间。一天下午的晚些时候，本·霍根（Ben Hogan）来到练习区。他并未急于挥杆热身，而是在那里勾勾画画。一位好事的评论员对此颇感好奇。霍根用身边的一张场地地图给出了答案。这份地图，设计者通常叫作"路线平面图"（route plan）。他平静地挨个指出场地上关键的地形和球洞，这也证明了为什么霍根的球打得这么好。他在开打之前就已经有了完美的构思和路线规划，可谓胸有成竹，运筹帷幄了。

杰克·尼可拉斯（Jack Nicklaus）的贡献在于他提出了一种新的球场分析模式，并且风靡一时。20世纪60年代之前，职业高尔夫球手几乎完全依赖个人对球场距离的把控和球童来完成对球杆的选择。尼可拉斯在比赛前会一丝不苟地勘测一遍场地，接着带着他的球童安格鲁·阿吉再次勘测。此行的目的是把相关的关键地形和每个球洞的处理方式记录在册。渐渐地，其他专业球手也发现了这种方法的好处，并纷纷效仿。而在现在的职业与业余比赛中，球场码数表的使用已经司空见惯了。

1984年夏天的英国公开赛上，赛弗·巴勒斯特罗（Seve Ballesteros）自信地走上圣·安德鲁斯老球场[1] 18号球洞所在的果岭。稍早前，巴勒斯特罗一直担心选择怎样的球杆才能以4个标准杆的成绩完成354码[2]外的那个球洞。这段路似乎就是横亘在这个西班牙天才和奖杯之间的死亡山谷。

---

[1] Old Course at St. Andrews
[2] 码，英美制长度单位，1码等于3英尺，合0.9144米。

巴勒斯特罗知道，如果这次挥杆将球留在果岭下的波形位置，那么最终是以超出标准杆一杆（bonge）的成绩完成比赛还是进入加赛就不得而知了。带着玩味的表情，他选择了劈起杆（pitching wedge）。虽然这种杆能让球轻松越过拱起，但能否上果岭还是不确定，因为这个果岭的面积不是很大，很容易出界。巴勒斯特罗判断准确，直接打到了洞前12英尺[1]的位置，继而轻松夺冠。

以上三个例子都说明了，专业球手如何通过合理利用战略应对球场设计者的挑战。在研究球洞的设计后，他们将自己的胜算最大化。

在这部书中学到的关于高尔夫球球道设计的知识不会比艺术类书籍中关于毕加索画法的介绍更多。实际上，这部书会让你重新认识高尔夫球场的地形，在书中，我加入了果岭、沙坑、风向、错觉等内容。对地形的认识会提升你的击球选择和自信。这就是我所说的"高尔夫艺术"。

通过以下这个小测试把握一下你对球洞分析了解多少：

1. 设计师最喜欢的三种视觉错觉是什么？
2. 场地的刈草模式是什么？
3. 怎样更好地处理沙坑地形？
4. 场地上不为人注意到的陷阱还有哪些？

如果面对这些问题，你没有十足的把握，那么很明显，这部书将让你受益匪浅。

本书会对场地上的多种地形特质进行介绍。在整个过程中，你要针对发球区（tee）、球道区（fairway）、沙坑（bunkers）、果岭（greens）、风向、错觉等地形和因素制订合理的计划。场地规划技术同样可以应用到单个地形中去，运用这些方法能够让你轻松攻破一些经典球洞。

---

[1] 英尺，英美制长度单位，1英尺合0.3048米。

各个章节都会运用路线图、图片和图表帮助你更好地理解关键信息。我介绍的相关技术分析和战略评估也可以直接付诸实践。初学者可以此打下基础，熟练选手可用于知识更新和系统的建立。无论你的水平如何，本书一定会对你有所帮助的。

小罗伯特·特伦特·琼斯

于加利福尼亚州帕洛阿尔托市

比赛场地

1

精心设计的球洞，例如日本索菲亚高尔
夫球俱乐部[1] 5个标准杆的1号球洞，就
有多种击球方式。

前页：
夏威夷考艾岛的普伊普海湾高尔夫球胜
地[2] 4个标准杆的16号球洞，巧妙地融
合于当地自然的地形中。

---

[1] Zuiryo Golf Club
[2] Poipu Bay Golf Resort

高尔夫球的比赛场地与其他运动有所不同，登山、狩猎、海钓、竞走、自行车和潜水等运动或许需要广阔的空间来实现参与者的梦想，但是它们还是需要正规的场地，而高尔夫则将大自然与比赛场地有机地结合起来。换句话说，没有两个场地或比赛完全相同，所以各个场地的规划也不尽相同。对我来说，不同的场地之间，球洞变化才是高尔夫球意义的所在。

想在这样的场地上取得优异的成绩，需要对地形进行快速、有效的分析，当然其中也包括天气、风向等可变因素。通过分析，设计者的用意也就一目了然了。每次分析都如同一次风险投资，球手每次挥杆都要保持良好的心态来稳定发挥技术。击球方式选择得越合理，思维越缜密，对球局的把控能力就越强。

想了解设计者的构想，我们可以从其他运动项目中触类旁通。举例来说，我设计场地的时候，就会联想到国际象棋、台球、赛车，还有就是高尔夫本身。

国际象棋

国际象棋是一项攻守兼备的竞赛。高尔夫也同样是一场伴有攻防转换的"宁静的战争"，设计者就像是防守者，而球手就是进攻者。设计完美的高尔夫球洞就如同一副巨大的国际象棋棋盘，设计者早已摆下天罗地网，埋伏下各种机关，大到每一个沙坑，小到击球区每一个小的凸起，都是设计者的杰作。设计者不仅设置障碍，还擅长隐藏障碍。高尔夫的铁律之一就是，击球之前一定要细心观察周围细小的环境，这样才能事半功倍。

与国际象棋比赛一样，精心的策略规划能提高你的高尔夫球比赛成绩。

击球入洞，分为空中挥杆和地面击球两部分。从场地极目望去，你可以轻易地发现自己的球穿越防守，找到最佳位置的路线，恰如地面部队突破敌人的防御工事。

显而易见，空中路线是一种很有效的进攻，但是设计者的错觉安排、风力因素、场地范围都构成了极大的挑战。如果落球点不当，仅仅将球击向空中是不太明智的选择。

如果将高尔夫球视为一场设计者与球手的较量，那么长距离与短距离策略的战术需求就很容易理解了。专业国际象棋选手会为对手量身制订相应的策略。在不同的高尔夫球场，各个球洞也应该有不同的应对方法。

如果你发现专业球手处理比赛的方式不同，那就对了。他们在面对新的球场时会问很多细节，并且依赖球童对场地进行细致的分析。训练阶段只是对比赛场地的试探，对球洞的分析也是一轮一轮比赛中试探出来的。英国的尼克·菲尔德（Nick Faldo）和德国的伯纳德·兰格（Bernhard Langer）是两位非常优秀的职业球手，他们很少浪费机会。菲尔德徒手走遍场地勘测地形，而兰格通常在比赛前利用码数表对场地具体情况进行精确的测量。

台球

高尔夫球场也可以被认为是个"台球球台"。台球在击球过程中要求的是旋转与角度。赢得比赛更需要沉着和成熟的战略思考。世界级台球运动员，如明尼苏达胖子（Minnesota Fats）和史蒂夫·玛吉克（Steve Mizerak）知道如何让母球带上旋转，用他们完美的技术打出常人难以想见的角度。

高尔夫同样需要旋转和角度。职业球手称之为"玩转"（working）高球。从技术层面讲，球在空中朝着预定目标进行多种旋转，落地，滚到合适的位置。而"玩转"高球就包括对球左右旋转滑行、落地，以及向前弹射等技术的控制。

台球桌是个设计完美的平面，而高尔夫球洞就如同上百个角度不同的平面，引导球走向不同的方向。球洞可以被看成没有草、树和水的平面。这就是高尔夫设计者看待球洞的角度。

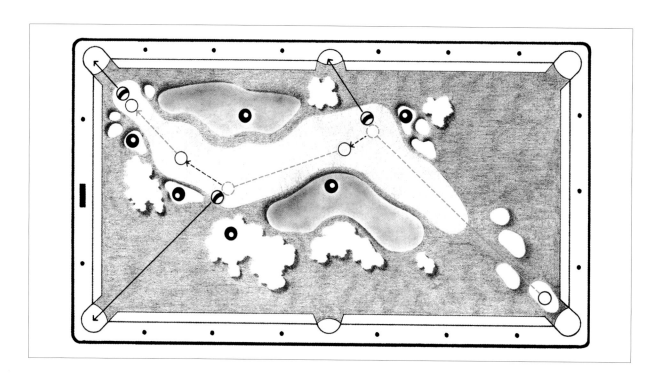

与台球一样，高尔夫球也是位置的较量，在不同的位置球手向着目标力求击出完美角度的球。

与台球一样，高尔夫也是一番位置的较量。专业球手不会一轮只完成一次击球。他会在心中构思出一系列的进攻路线，力求将"桌面"的球一扫而光。构思的关键在于击出好球，并为下次击球找到理想的位置。

球手应该多问问自己，每次击球时预期的落点是否考虑好了为下一杆作好准备。球停的位置体现了你在球场上的击球能力。在你的脑海中，要构建相关的线路规划。这种策略并不仅仅针对开球，在需要切球（approach shot）时也适用，只要将球轻推到相对平稳、安全的果岭边，而不是旗杆旁边，就能显著降低杆数。设计者会诱惑球手冒险击球，而聪明的球手却能知道自己的优势和局限所在。

以迈阿密朵拉乡村俱乐部437码4个标准杆的18号球洞为例，它是由迪克·威尔逊（Dick Wilson）设计而成，在圈内有

佛罗里达州迈阿密朵拉乡村俱乐部[1]水
域环绕的4个标准杆的18号球洞。这个
球洞难度很大，要求选手必须要选择恰
当的路线。

---
[1] Doral Country Club

"蓝色怪兽"之称。因为这里看起来难度并不大，水平一般的球手会在发球后选择水域附近的路线，缩短与球洞之间的距离。而若选择中等难度或者高难度路线，球就要穿过水域了。在将球打上果岭时，选择中等难度的球手会将球打到果岭右边的位置，而技术较差的球手，则会选择果岭前水少的位置。

在密苏里州斯普林菲尔德高山泉乡村俱乐部[1]举行的高级别奥扎克公开赛（Greater Ozark Open）上，我与职业选手鲍勃·劳恩（Bob Lunn），还有其他三名业余选手一起配对参加职业–业余混合赛。在430码4个标准杆的7号球洞前是片湖，湖前的球道上是一个向左的急弯，劳恩的球落在水域附近的旗杆处，他毫不犹豫地将球打过了水面。我选择了右侧的球道区，尽量避开水域。而我的一个同伴，选择了一个难度适中的路线，企图与劳恩保持一致，结果却直接把球打进了水里。

赛车

高尔夫与赛车也有相似之处。所有顶级车手都具有大无畏的勇气和给赛车更换零件适应不同赛道的天赋。印第安纳波利斯500英里比赛[2]的冠军得主丹尼·沙尔文（Danny Sullivan），也是位不错的高尔夫球手，他在AT&T卵石滩的职业–业余混合赛上将高尔夫球与赛车对比时说道，"我在高尔夫球场中会主动寻找弯道与堤岸，这就像我在赛车比赛中做的一样……如果你做不到，那就别想打好球。"

---

[1] Highland Springs Country Club
[2] 英里，英美制长度单位，1英里等于5280英尺，合1.6093公里。Indianapolis 500-Mile Race，是印第赛车联盟（Indy Racing League）每年在美国的印第安纳波利斯赛车场举行的比赛。从1911年开跑以来，与摩纳哥大奖赛和利曼24小时耐力赛被公认为是最重要及最负盛名的三大汽车赛事。比赛日时的观众数可达40万。——译者注

如雷蒙德・弗莱德（Raymond Floyd）
一样，有经验的职业高尔夫球手会为每
个球洞制订不同的规划并付诸实践。

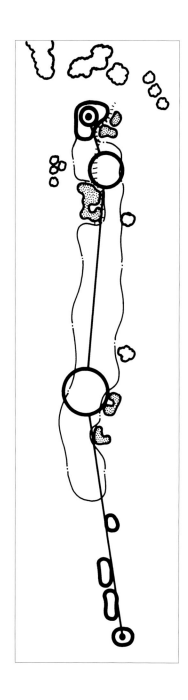

类似夏威夷毛伊岛威雷亚黄金球场[2] 5个标准杆的2号球洞，就应该被分成一系列不同的标靶区域各个击破。

高尔夫球洞就像是一条直线跑道，球员在大约四五个标准杆左右的距离内蜿蜒前进。他会调低档位（切球），轻踩油门转过一个发卡弯（低飞球），驾车（球）通过终点（进洞）。这是一个持续前行、在车内或者球场中不断冒险的过程，需要巧妙周旋。

如果球员没有事先规划，他们很难赢得比赛。美国公开赛的赛场是耐力与毅力的比拼。托尼·杰克林（Tony Jacklin）在明尼苏达州黑泽汀国家俱乐部[1]赢得1970年美国公开赛时，最后一轮之前，他的朋友将"节奏"这个词钉在了他的更衣柜上。抛开光滑的果岭、厚实的长草区、风力等因素的影响，杰克林很好地控制了他的节奏，出色地完成了长达5个小时的比赛。所有职业球手都知道恰当的节奏和积极的心态会激励球手赢得比赛，这就是他们的运动心理学。

在球场上，设计者会竭尽所能打击球手的信心使其心态失衡，诱使球手用力过猛，甚至冒进。就如我经常所说，"失球，击球失误，丧失信心。"

标靶运动

最后一项对比，自然就是标靶项目了。为了更好地理解高尔夫，我们有必要了解一下击球的起源。高尔夫最初是一项混乱喧闹的运动，球手用棍子击球向前推进，先到者为胜。最初的比赛是在硬地上进行的。随着球本身设计技术的发展、球杆的革新，以及人们击球轨迹的不断提高，高尔夫从一项地面运动逐渐转向空中发展。

---

[1] Hazeltine National Golf Club，由罗伯特·特伦特·琼斯于1962年设计完成。
——编者注

[2] Wailea Golf Resort's Gold Course

其结果也具有双重意义：第一，高尔夫球手认为职业选手从远距离将球打进洞内是唯一的解决办法；第二，现代球场、目标区域，一般都是为高球道球特殊设计的。

有时高尔夫球手喜欢超远距离，虽然很少有球手能打得比约翰·德雷（John Daly）更远。1971年2月5日美国航天员艾伦·谢博德（Alan Shephard）在月球上完成了他著名的一击[1]后CBS电视台[2]的沃尔特·克朗凯特（Walter Cronkite）评论道，"很快，我们将会看到艾伦在月球上的罗伯特·特伦特·琼斯高尔夫球场打球了。"如果我有机会在那里建设球场，我一定会将它命名为"平湖秋月"。这座球场从发球区到终点至少要有40 000码的距离，德雷得小心了。

高尔夫球洞也可以被看成是一段严阵以待的区域。在520码5个标准杆的威雷亚黄金球场的插图中，我用标靶点画出了这个洞附近的大致轮廓。发球时可以瞄准一个直径在20~30码的大片区域，或者从百码外打上果岭，我想大多数人都会选择20~30码的那片区域。

我强烈建议每位球手将球洞分割成若干个3个标准杆，这样便于制订目标。以一个4个标准杆的球洞图表举例，球手A将其看成一个250码的3个标准杆和一个140码的3个标准杆；球手B可以将其看成一个200码的3个标准杆和190码的3个标准杆。每名球手在挥杆之前心里都有一个自己的目标，精明的高尔夫球手都会趋利避害，把比赛控制在自己能掌控的范围内。

这种方法在雷蒙德·弗莱德的比赛中发挥了关键作用，特

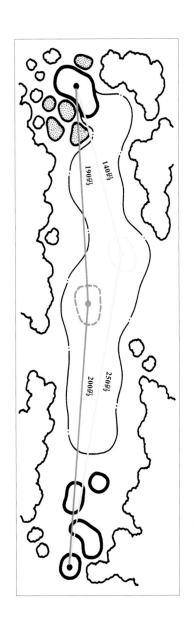

如果你将所有球洞都看成3个标准杆，你的目标就明确了。

---

[1] 1971年2月5日，艾伦·谢博德第二次进入太空，并在月球表面打了高尔夫球；他一共打了两杆，第二杆把球打得"很远很远很远"。——编者注

[2] 隶属于哥伦比亚广播公司，全称Columbia Broadcasting System。——译者注

别是在他1986年美国纽约南安普顿辛那可可山高尔夫球俱乐部[1]夺得美国公开赛冠军的时候。在513码5个标准杆的16号球洞，弗莱德前两杆堪称完美，只要一记短铁杆，球就能轻松攻上果岭——这也是他的强项所在。弗莱德以一个小鸟球（birdie）完成比赛并获得冠军，成为美国公开赛开赛以来年龄最大的冠军，这也证明了位置和智慧通常比击球距离和年龄更重要。

设计风格：战略型，惩罚型，英雄型

"战略型"（strategic）、"惩罚型"（penal）、"英雄型"（heroic）这些术语，经常会被用在击球、地形、球洞，甚

苏格兰谬菲尔德高尔夫球场[2] 4个标准杆的8号球洞是个经典的战略型球洞。

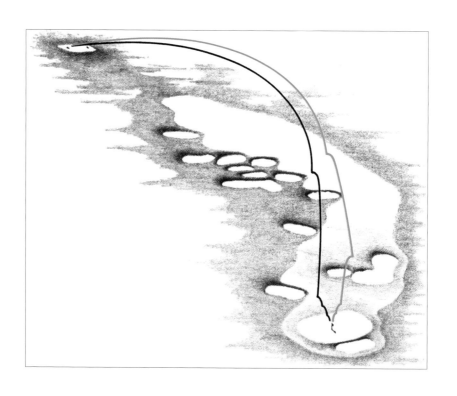

[1] Shinnecock Hills Golf Club
[2] Muirfield Golf Club

至是整个球场上。这些术语在书中广泛运用，有助于帮你记住我要传达的想法。但是，这些词并不是随处都适用，有些专家就认为用这些来形容一个特定的球洞、击球方式和地形都不太合适。

对我来说，一个"战略型"球洞至少有一条比较合理的路线能够直通果岭，而且在这之中不会因为击球失误而造成不必要的风险。此外，如果有很多条可选路线，距离最远的路线被击球失误影响的风险往往最小。

而"惩罚型"球洞，就是形容那种必须一杆上果岭并且没有退路、失误就意味着失败的那种球洞。同时，对这一杆击球本身要求也十分苛刻，稍有不慎，球就会掉进水或沟壑里，或者出界。

一个"英雄型"的球洞通常至少应该包含两种上果岭的路线。第一种路线即便击球失误，后果也不会很严重；而第二种则一招不慎就会招来严重恶果，但只要把握得当，这种路线足以使球手取得绝佳的领先位置。这时选手将会面对一个勇敢抉择，所以这次击球也可被称为英勇一击。

高水平的设计师经常会把战略型、惩罚型和英雄型球洞混合在一起。如同创作交响乐一样，高尔夫球场的设计也充满了平衡与节奏感。或许职业球手会认为用这三种类型给一个球洞定义太过草率，他们在比赛中也很少用这三种分类划分球洞。然而，当一座球场被贴上其中一种类型的标签的话，那很可能意味着球场中的大多数球洞都属于这一类型。

最后一点，障碍通常被归类于"惩罚型"范畴。这种称呼也说明了这些障碍不但困难而且难以回避。此外，障碍也可以用"战略型"来定性。这类标签一般用于描述那些位置奇佳，只有

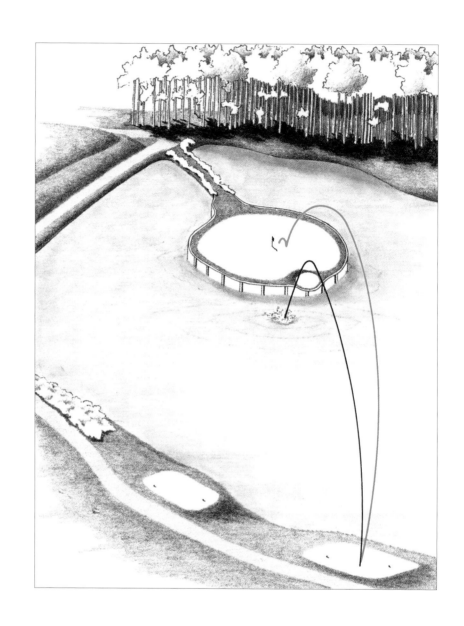

位于佛罗里达州蓬特韦德拉的巡回赛
球手俱乐部[1]的3个标准杆的17号球
洞，是个典型的惩罚型球洞，让球手
完全没有选择的余地。

---

[1] Tournament Players Club Stadium
Course

完美一击才能征服的障碍。但是障碍永远也不会被归在"英雄型"这个类别里面。

我想你在很大程度上已经意识到了，一个英勇的击球抉择是对球手技术与精神的考验，极大程度上代表了高尔夫运动的内在本质——一个清晰的抉择会带来截然不同的风险与收益。

现在，我们对不同的球洞分类已经有所了解，那么让我们看看下面的例子。我选择的球洞都能被划分到以上三种类型当中去。

苏格兰谬菲尔德高尔夫球俱乐部444码4个标准杆的8号球洞，是个经典的战略型球洞。如同第12页的图片上呈现的一样，这是一个典型的"狗腿"洞，周围是沙坑区，将球道区隔离在左侧。如果打长球，可以绕过弯道减少球穿越的距离，但却有可能掉进沙坑区；如果短打或者打中距离球，则可将球打到左侧的球道区，从而避开沙坑，但是这种战术的结果就需要加大第二杆的距离，才能直达果岭。

位于佛罗里达州蓬特韦德拉的巡回赛球手俱乐部的132码3个标准杆的17号球洞，是一个典型的惩罚型球洞，它是设计师皮特·戴伊（Pete Dye）的手笔。皮特·戴伊也是高尔夫球手冠军赛（Players Championship）的主持者。如左页图片上所呈现的一样，这个3杆洞须要小心翼翼地躲过遍布场地的水坑。任何或长或短、或出界的一击都可能把你葬送在这片球场上。面对这样的球洞，你别无选择，只有谨慎把握，挥杆一击。这也是它之所以被描述为惩罚型的缘故。

位于加利福尼亚州卵石滩高尔夫球俱乐部的540码5个标准杆的18号球洞，可说是高尔夫球界最著名的英雄型球洞。它的左

像卵石滩高尔夫球场5个标准杆的18
号洞这样的"英雄型"球洞，对热衷
于赌球的人来说是颇具吸引力的。

手边紧邻太平洋，这就让球手面临二选一的抉择。从左图上看，发球一定要提高角度，以达到顺利通过水域并靠近果岭的目的；第二杆也可以采取越过水域的方式，只要掌握好恰当的距离和角度。或者你也可以采取一个比较保守的做法，沿球道右侧前进，不过距离较远。

总而言之，设计者建造障碍和其他多种地形无非是为了建造战略型、惩罚型和英雄型球洞，挑战球手的心智与体力。

高尔夫球场设置

我认为，球场的地理类型可分为六种：林克斯（或称滨海）球场（links）、平原球场（prairie）、平原疏林地球场（parkland）、沙地球场（desert）、山地球场（mountain）和热带球场（tropical）。球手关于场地的第一课就是学习认识那些会影响你比赛的自然因素。显而易见，场地上有一些共同因素，但是也有些与当地环境结合的自然特色。

林克斯（或称滨海）球场

和大多数高尔夫球手一样，第一次去位于苏格兰的高尔夫球运动发源地，给我留下了很深的印象。站在圣·安德鲁斯老球场的发球区，身处皇家古代俱乐部[1]的老房子的阴影中，周围是饱经风化的巨石，我在风中平静心情，以旁观者的眼光观察着场上挥杆的球手。之前，我已经对这块场地的布局有所了解了。我低头看着双倍宽的1号和18号洞的球道区，开始发球，球离边界和

---

[1] Royal and Ancient Clubhouse

海岸都很远。基于对场地的了解，在看到1号洞前，我选择了距离较长的一条线，而我的队友，直接瞄准果岭，但球却出了右边界。为了不偏离球道，他用力向左击球，结果球穿过1号和18号洞的球道区又出界了。我向他解释了应对策略，之后他终于有所改善。内行人都知道，在这个老球场应该尽量把球向内打，虽然球道比较崎岖但至少可以避开那些难以突破的自然障碍。

在像圣·安德鲁斯这样经典的球场上打球，一定要多思考，抓住重点。因为这里的历史和传统，值得球手心怀敬畏。在这里比赛，你会感觉自己正走在一片悠远神秘的土地上。在这块14洞的老球场上，其中2号、16号和8号、10号洞均为双洞果岭。有意思的是，将双洞果岭的球洞与其他球洞加起来，正好凑数为18，也就是普通球场的球洞数。我不知这意味着什么，或许这就是苏格兰的传统吧。

圣·安德鲁斯老球场建立在"海边沙丘地带"，沿岸都是受岸边的海风和海浪作用而成的沙地、波状山地和沙丘。其他著名的林克斯场地，如苏格兰的皇家多尔诺克场地[1]，坐落在河口的沙地上。林克斯场地之所以著名还是有原因的。在草场和山地场地长大的高尔夫球手，对林克斯场地缺乏认识。林克斯场地缺少了一些普通场地所具有的自然元素，如树木、高地，这些高尔夫球手赖以判断距离的参照物。这种情况很容让球手丧失方向感，只能望洋兴叹："在这块林克斯球场打球犹如摸着石头过河，靠的是14根球杆、一根白手杖，还有一只导盲犬。"

不要指望能够在爱尔兰的巴勒巴宁球场[2]和苏格兰的特尼贝

---

[1] Royal Dornoch
[2] Ballybunion Golf Club

左页：
巴勒巴宁老球场4个标准杆的11号球洞顺地势自然起伏，颇有早期林克斯球场的特点。

利球场¹找到均衡设计的影子。早年的球手和设计师力主以自然为基础设计球路而不是人为拓展，这也使比赛更加简单透明，给了球手一个在清风和山地享受比赛的机会。

林克斯球场有它的独到之处。你走上球场自然能感受到那种隆起和不平坦的感觉，难以眼见的泥地比预想的还多。地面还算平整，球的弹射轨迹也一般，小沙坑却着实有些恼人。曾荣获五届英国公开赛（British Open）冠军的汤姆·沃特森（Tom Watson）指出，整个场地的建设加入了大量的现代灌溉系统，这让土质比以往更加松软，让球手的一些技能难以发挥。

一般情况下，林克斯球场会选择当地特有的牛毛草（fescue），这种草地又密又细。牛毛草的长草区错综纠结。但这种草还有一个特性就是轻，所以不会给挥杆带来太大阻力，击球也比较容易。不过，林克斯场地的另一种长草区地形可就不那么容易了。我建议你在球童或当地人的帮助下完成这种长草区的比赛，如果拿不准的话，还是用倾角小的球杆比较好，这样至少能让你的球不出什么意外。

我的一个朋友在北爱尔兰皇家乡村俱乐部²打球时，面对一个440码4个标准杆的5号球洞，他直接把球打进了长着牛毛草的长草区，长草区的右侧是金雀花区，他的四人团队花了很长时间才在草地里找到球，但是球包却又不见了，原来是在找球的过程中掉下了。开局不利。

林克斯场地受风力影响很大。有些人甚至抱怨如果林克斯场

---

¹ Turnberry Golf Club
² Royal County Down

地没有风就容易多了。1990年菲尔德在圣·安德鲁斯赢得英国公开赛的时候，风似乎静止了一般，这也使选手们的成绩扶摇直上。正常情况下，当地的风较大，球手很难保持球路准确，大力挥杆击球也很难。除非你与风力进行过抗争，否则不能算在林克斯场地打过球。西班牙球手赛弗·巴勒斯特罗也不得不承认有时场地上的风确实成为主导比赛的因素。在1987年谬菲尔德球场的英国公开赛上，赛弗完成了三个全力击球（full shot）和一个短铁杆（short iron）才把球打上558码5个标准杆的5号洞果岭，而通常他只需要用一个木杆（wood）和一个长铁杆（long iron）就能完成5个标准杆的动作。

球手在林克斯球场的发挥情况取决于对风力的测量。我通常是通过与当地球手攀谈的方式了解当地的风力情况的，这样能使我掌握当地情况，得以更好地发挥技术。好的球手能在侧风中发挥得游刃有余，就像是飞行员驾驶飞机在侧风中着陆一样。在风中的实际距离总让新进球手游移不定。举例来说，在无风情况下9个铁杆球在风中只需要大概3个就够了。球童常常会说，"码数表今天有点不太准，先生，我们现在是两杆风力。"也就是说你需要打两杆才能达到平时的距离。

简单来说，击出低空、贴地、跳跃的平击球在林克斯场地是非常有用的。在林克斯场地，击出贴地低空球更容易得分。1972年李·特维诺（Lee Trevino）赢得谬菲尔德英国公开赛时，作为一个地道的得克萨斯人，他用得克萨斯杆（Texas wedge，一种推杆）将球推上果岭，完成了与风力的较量。

平原球场

平原球场和内陆的荒地球场（heath course）就像一对表兄

弟，都是林克斯场地的分支类型。在19世纪下半叶，林克斯场地还是唯一的标准高尔夫球场地。当时人们曾在黏土上尝试兴建高尔夫球场，但是那里的果岭夏天硬得像石头，冬天又松软不堪，所以未能成功。最终，有人发现荒地有着与林克斯场地类似的排水特点，很适于建造场地。

在美国，平原场地全都集中在大平原上（Great Plains），有些著名的场地如位于俄克拉何马州的橡树东球场[1]和堪萨斯州的白金沙丘平原球场（乡村高尔夫球俱乐部）。我父亲设计的明尼苏达州的黑泽汀国家球场和我自己为北达科他州设计的爱宝乡村球场[2]都呈现出平原球场的显著特点。在美国之外，平原球场一般坐落于一些富饶的农场上，如阿根廷的潘帕斯草原（大草原），南非的特兰斯凯，当然还有澳大利亚。

我在平原球场打球时，总是提醒自己这里与林克斯场地有许多相似的地方，不可掉以轻心。举例来说，这里的风力不小，而且风向不定。如果位置不佳，还是多采取贴地球，这样上果岭也容易一些。这可能也算是最明智的决定了吧。

我是在纽约这种大城市长大的，有时会在纽约州马马罗内克的翼脚高尔夫球俱乐部[3]打球，经常光顾这里的还有专业球手德芙·马尔（Dave Marr）。马尔是在得克萨斯州的球场长大的，那里都是平原球场。一次我在翼脚球场邂逅马尔，他正手持推杆（putter），准备上果岭，这个场景跟特维诺在谬菲尔德表现得如出一辙，非常完美。从那之后，我就在比赛中尝试使用这种更

右页：
威斯康星州麦迪逊市大学岭高尔夫球场[4] 4个标准杆的7号球洞有着鲜明的平原场地的特点。

---

[1] Oak Tree's East Course
[2] Oxbow Country Club
[3] Winged Foot Golf Club
[4] University Ridge Golf Course

水域和树木都是平原疏林地球场必不可少的组成部分。位于阿肯色州小石城的香奈儿乡村俱乐部[1]的5个标准杆的16号球洞就是最好的证明。

有效的击球方式。

　　蒙大拿州的大草原场地，总让人觉得眼界无比宽阔。因此，你应该尽量将球洞分成若干个小的区域，以此掌握距离。一个沙坑的边缘，一个土堆，或者路标都能帮你确定击球距离，当然询问球童或者当地球手也是个好办法。

　　平原地形独特，气候变化快，风向变化突然。春寒期气候，

[1] Chenal Country Club

多暴雨雷电、飓风，有时气息炽热，即便是最强壮的球手也会吃不消。几分钟的时间温度就有可能骤变，这对球的飞行距离，甚至是你个人的衣物增减都会造成影响。这样的球场对球手来说是个不小的考验，你需要去适应场地情况——一局比赛下来，有可能要做多次调整。只有调整好，才能发挥好。

平原疏林地球场

随着高尔夫球场从海边向内陆转移，北美地区的林木地区得以开垦出第一代平原疏林地类型的球场。《高尔夫文摘》（*Golf Digest*）的美编罗恩·惠顿（Ron Whitten）曾挑选了一幅平原疏林地的场地设计，作为参加该杂志"空想建筑术"设计竞赛的参赛作品，因为知道大多数高尔夫球手都会将海拔变化、树木、水域作为球场判断的坐标。在美国，平原疏林地球场大多集中在东北（如翼脚高尔夫球俱乐部和梅里恩高尔夫球俱乐部[1]），东南（如奥古斯塔国家高尔夫球俱乐部[2]），中西部（如梅迪纳乡村俱乐部[3]）和西北地区（如尤金乡村俱乐部[4]）。在日本，也有很多平原疏林地球场，如松树湖高尔夫球俱乐部[5]和大沼高尔夫球俱乐部[6]。

树木既给选手比赛提出了挑战，同样也为选手指明了场地的位置。但它们还是场地上值得警惕的障碍。为了躲避它们，球手必须选择更有效的击球方式同时规避危险。当然树木有时也会遮挡球手的视线，将一些特殊的地形隐蔽在身后。球场上众多的

---

[1] Merion Golf Club
[2] Augusta National Golf Club
[3] Medinah Country Club
[4] Eugene Country Club
[5] Pine Lake Golf Club
[6] Onuma Golf Club

树木经常给人一种"倾斜"的感觉。因此，球包里携带一根木杆（driver）还是很有必要的。

球场上的草地繁茂而浓密，给球道区做好了有效的铺垫。在球场底部，因为黏土的关系，湿度大、土壤稀松，球的滚动也会受影响，特别是在球道区可能会产生意想不到的侧滑。这些都可以作为你比赛时的参考。换句话说，斜坡造成的侧滑让你必须事先考虑好球的着陆点，因为在这种地形，球经常会随着地势跑到难以想见的位置。事先丈量场地在这里尤为重要——除非你是个山地高手或对球的走向毫不介意。

平原疏林地球场的另一个重要特点就是风。通常场地上的风并不大，这里的风和海边的风完全不同。为了便于球道的建造，一部分树木会被清理掉，留下的空地使风力无所阻挡，给球手判断球的飞行距离和飞行轨迹增加了难度。当遇到这种风的时候，球手需要高度警惕，事先预测风会造成的影响。你可以通过树梢的变化来观察风向，有时你感觉不到风，但是有时风向又难以预料。

沙地场地

曾几何时，沙地一度被认为不适合建设高尔夫球场。但是，随着灌溉技术的革新、挖土掘地、水土保持技术的发展给了设计者更多的选择。从地形上讲，沙地层次不同，在山脉边的海拔变化也多。加利福尼亚州棕榈泉附近的拉昆塔酒店高尔夫球俱乐部[1]的山地球场就是个典型的例子。整个场地较为平坦，很多球

[1] La Quinta Hotel Golf Club
[2] Geronimo Course

右页：
亚利桑那州斯科茨代尔市沙地山地地区的杰罗尼莫高尔夫球场[2] 4个标准杆的13号球洞周围布满了仙人掌与当地的植被。

洞依山而建，有些欺骗性很强的上下坡变化与普通的沙地球场很不一样，加利福尼亚内陆、西南地区和佛罗里达州都有类似的场地。令人惊讶的是，佛罗里达有很多沙地结构的球场。

这样的沙地球场还有摩洛哥的皇家拉比特球场[1]。在设计建设这块高尔夫球场的过程中，我和父亲的经历可以说是一套攻防理论的写照。那里原是一片军事营地，军方正打算用来修建国王的球场，所以我们进行球场勘测时，需要向军方提交相关行动报告。我们住在帐篷里，而我们的路线规划就挂在墙上，看起来像极了军事布防图。实际上也是如此，因为上面写满了我们球场设计的"防守"策略。

在沙地球场打球，一定要警醒设计者经常会有意想不到的设计。例如，在球道区引入外来草种，在果岭区设下各种机关，湖水区会人为地创造出视觉上的错觉与场地景色的变化。有时，设计者会极力追求海拔变化，在场上构筑沙丘，给球的运行制造障碍，增加球撞击反弹的机会。

沙地的阳光会产生强烈的光影对比，从而使球手发生错觉。炙烤的热浪有时会造成海市蜃楼的效果。所以，球手需要反复勘测景物才能确定具体位置。尽管沙地场地的空气温热干燥、流动性不强，但与山地场地的空气类似，相对稀薄的空气同样会影响到球的轨迹。另外，早晚时分的冷气团对球手的击球会产生重大的影响。

沙地上的球道和果岭有两种特质。受沙子和土的混合地形影响，球场的地面比较坚硬。此外，光照的强度与现代灌溉技术的结合使草的生长很旺盛，需要时时修剪。在这些因素共同的影响

---

[1] Royal Rabat Course

下，球更容易弹跳和滚动，从而额外增加了球的运行距离。球在果岭上更加不易控制，这给球手的短杆使用和接下来的调整性击球增加了不小的难度。

在亚利桑那等州，灌溉场地所用的水需要额外付费，政府也会限制球场面积，因此设计者的构想有时只能局限在一块很小的区域。另外，沙地地形的恶劣以及衔接区域的处理也限制了沙地场地的规模。在处理这些问题的时候，沙地球场一般会仿照沿海球场在球道区种上本地植被。在做场地适应训练的时候一定要注意哪些地方适宜比赛（避免陷入长着仙人掌的区域里），不然，球杆、衣服等很容易丢失。

沙地球场有时会建在爬升的高原上靠近山峦的位置。不时还会有当地的土狼出没。除了自然景观丰富以外，荒芜的山区地貌还给设计者提供了更多的设计空间，从不同轮廓、海拔变化和视野变化等方面思考新的设计思路。球手很容易迷失在这样的复杂环境中，陷入岩石和爬行虫的包围。

山地球场

如果论球场风光，或许没有哪种球场可以和山地球场相媲美。我设计过的球场从北美落基山脉一直延伸到法国的阿尔卑斯山，以及日本的崎岖山脉。我喜欢接受挑战，或许因为我喜欢滑雪、喜欢体会那种急速下降所带来的激动和兴奋，尤其喜欢那种大跨度的斜坡。

山地场地的特点就是海拔变化，那种变化会让球手以为参加的是障碍滑雪赛。独特结构的山地，会使选手感到十分兴奋，但同时还要保持冷静。如果完全沉溺于身边的风景，那么"灾难"

就不远了。受地形的影响，许多球洞都设计在狭窄的山谷中，因此准确性就显得尤为重要。为了校准方向，牺牲码数也是必要的，毕竟打一个短杆要比一个300码漫无目的的长杆容易掌握，且不易走偏。

有山的地方就会有曲径折弯，周围也多会有淙淙山泉。大多数设计者都会将山泉也设计在路线中。有时，溪水不易被发现，查阅场地图就很有必要。我设计的位于科罗拉多州的斯廷博特斯普林斯球场[1]，经常会有鱼从球洞旁跳出来，成为场地上溪水边的一景。

在高地球场，球手不易掌握平衡，容易感到头晕。这种影响虽然不大，但是会影响球手选择球杆。海拔变化意味着空气稀薄，呼吸也变得困难，击出的球往往在空中飞行得更远。根据经验分析，每1 000英尺海拔的变化，球的飞行距离会延长2%。要想克服这种困难，如果可能，还是尽量在练习时适应这种感觉吧。

在山地球场打球，影响最大的因素还是错觉——眼前看到的景象与实际的并不一致。我父亲设计的位于哥伦比亚巴格特（Bogotá）的额尔勒捎俱乐部[2]，与我设计的科罗拉多州基斯通牧场度假村球场，海拔都达到了9 000英尺，空间距离与平时有很大不同。设计者通常会把这种感知差异植入到他的设计中。对此，你要心里有数。当然，你还是要对错觉有所防范，尽量在练习时适应这些场地特点，这样才会对你的比赛更有帮助。

---

[1] Steamboat Springs
[2] El Rincón Club
[3] Keystone Ranch Resort

左页：
景观丰富是山地场地的普遍特点，位于科罗拉多州基斯通地区的基斯通牧场度假村球场[3]就是有代表性的一例。

热带球场

对于热带球场，我有很深刻的体会——各种虫咬的经验应有尽有。我工作过的热带球场不少于25个，从加勒比海岛到墨西哥热带雨林，从东南亚到南太平洋。与沙地球场植被稀少的情况不同，这里的大树雨林给设计者和球手提出了截然相反的问题。在很多热带球场，特别是夏威夷，加勒比海岛和南太平洋，信风给球洞设计带来了很大影响。

高大的植被让设计者不得不改变球洞设计路线，同样也改变了草场的成分和球路的变化。这里的草，例如凯拉草（kuchgrass）、象草（elephant grass）、结缕草（zoysia）等，简直如钢丝刷一样难缠。在热带，草地给球手带来的困难也比气候温和地区大。

由于山上遍布热带雨林，所以这里修建的球场融合了山地和丛林的环境特点。举例来说，在我们的加勒比尼维斯四季胜地球场[1]，即便这里球道宽阔，但草率的一击也会让球陷落在茫茫的树林里。我在马来西亚和菲律宾设计的高尔夫球场，球道边上就是林区，因此我将之称为"擦边"（edge）。在这里打球风险也很大，即便是挥舞着大砍刀击球都比使用五号铁杆来得容易，一个不小心就会让你把球打飞，后果很难挽回。所以一定要保持球路准确，除非你想去丛林冒险。

雨林环境创造的障碍是挑战但也同样令人兴奋。你不知道自己要面对什么。在马来西亚吉隆坡的雪兰莪州皇家球场[2]，野

---

[1] Four Seasons Resort Course
[2] Royal Selangor Golf Club
[3] Canlubang

左页：
无论对于设计者还是球手，热带球场的湿度与繁密的植被都是一大挑战。菲律宾拉古娜岛的阚璐邦乡村俱乐部[3]就是一个典型。

33

生猴子会时不时地出来捣乱。在这种环境中，经常会有爬行虫潜伏在发球区和果岭树叶中。在亚洲有些球场，会有当地的规则："球手在遇到盘绕的眼镜蛇和打盹的老虎时可以多打两杆而不会被判犯规。"他也可能像受惊的兔子一样逃开。

热带球场的维护通常都很困难，所以在这样的球场打球，要有场地不佳的心理准备。场地里的草恣意生长，球位也会受影响。

可以想见，各地的高尔夫球场不同。要想在某个场地获得成功，需要了解当地的具体情况，并做出相应的计划调整。现在，让我们走上发球区，来一场比赛吧。

苏格兰圣·安德鲁斯老球场的第1和18
号球洞可以放在一起进行比赛。

发球区

2

以加拿大亚伯达省格伦科格伦森林球
场[1] 4个标准杆的1号球洞为例，如果
在发球区找对位置，可以很顺利地把
球打到合适的落点。

前页：
美国密苏里州斯普林菲尔德高山泉乡村
俱乐部4个标准杆的12号球洞，一个自
由式的发球区。

---

[1] Glencoe's Glen Forest Course

每个发球点都是一个新的开始，这也是再一次把球打向理想落点的绝佳机会。发球的好坏有时直接决定你在这个球洞的表现。让我们一同看看怎样稳稳地抓住机会获得成功吧。

发球区可以用来有效地控制场地的复杂性和多变性，因为在这里你的站姿稳定，击球轻松而准确，同时可根据自己的能力准确地掌握角度。这是整个球场最适于自由发挥的所在，所以尽力去展现自己的优势吧。一般情况下，发球区的发挥基本为以后的比赛定下基调。

为了更好地完成发球，你应该充分了解发球区的实际情况和它与其他球洞间的关系。这个问题在当下尤为重要，因为在过去很长时间的缓慢发展历程中，发球区的实际情况和发球战略发生了极大的改变，尤其是在过去的三四十年。

多年前，我站在夏威夷断崖顶上，那里可以观赏到纳帕利山脉（Na Pali Mountains）令人陶醉的远景、一望无际的太平洋、幽深的沟壑，浓密的热带作物尽收眼底。我知道自己已经找到了最佳的开球位置。它能够让我把眼前的美景一览无余，并且让我清晰地看到球的落点位置——有花园岛屿之称的考艾岛上，普林斯维尔王子球场[1]壮观的起点，就这样确定了。

在这个球洞发球，让我们明白了，有时发球对普通和大师级选手同样都不容易。难处就在于你要决定自己的球的落点，并为将球打上果岭做好准备。发球区在一个相对较高的位置，

---

[1] Prince Course at Princeville

而球洞一般会设计在顺风方向。蜿蜒曲折的阿尼尼溪（Anini Stream）斜穿过球道，呈十字形盘桓在果岭前，这给选手带来了很大的挑战；球道区的右侧是青葱色的陡峭堤坝。面对这两个挑战，你需要将球打到球道区尽可能远的位置，避开两侧的陷阱。但是有一点很关键，就是尽量让球路直指球道区，这样会给你的第二杆带来很大裨益。这个球洞有5个发球区，从346码一直延伸到448码的位置，也就是说所有球手无论水平高低，在这里都将面临不小的考验。

我经常会让高尔夫球手选择适合自己比赛的发球区。在王子球场，冠军球手的发球台与业余球手的距离相差788码。无论你多么自负，每个洞将近40码的差距都足以让人体会到自得其乐的比赛与不胜疲累的煎熬之间的巨大差异。

另一个高架发球区是里维埃拉乡村球场[1] 508码的1号5杆洞。它建造在加利福尼亚州宝马山花园，那里也是洛杉矶公开赛（Los Angeles Open）的比赛场地。发球区大概在球道区50英尺以上，这算是给选手建立了自信，因为球不用打得太高。但是这种自信非常短暂，因为当你面对狭窄的球道区，发现左侧的边界窄得可怜，而右侧又是一片树林（实际比看起来还要浓密）。你很快就会发现击球路线的细小失误会在球道区被放大。设计者就是要通过这种高架结构引诱球手落入方向性错误的陷阱，其后果就是一个损失惨重的出界球。你的第二球将在一个完全不着边际的位置开始。

与高架发球不同，佐治亚州奥古斯塔国家高尔夫球俱乐部给

---

[1] Riviera Country Club
[2] Skyland Golf Resort

左页：
科罗拉多州王冠峰苍穹高尔夫球度假村[2] 4个标准杆的13号洞，因海拔变化大，球路的距离变化也在所难免，对准确性的要求就更为严格。

早期发球区建设得不是很完善，
与球洞距离较近。

选手提出了弯曲度的挑战。1号洞是个400码4个标准杆的偏右侧狗腿洞。奥古斯塔球场的特点是，宽阔的球道区右侧仅有一个大沙坑，而场地上却没有明显的发球目标。在这种情况下矩形的发球区就成了你的参照物。它的边沿给你指明了方向，就好像跑道给飞机指明了降落的方向一样。

这些例子都说明从发球区开始设计师就会植入一些挑战，给选手增加难度。现代的发球区在外形和功能上都在逐渐完善和精致化，这与过去的发球区有了很大的不同。对发球区的风格、地形有所了解会帮助你为后面的球洞制订好正确的策略。

世界第一份高尔夫球规则方案，是1744年在苏格兰的利斯

（Leith）起草的，上面写道"球手发球时，应在距球洞一个球杆的长度的范围之内"。随着时间的推移，规则不断变化，选手的发球位置也演变到现在的更靠近球洞的一个单独的发球区。

早期的发球区还很难确定，选手只有在一个特定杆长的位置开始比赛。

那时的高尔夫球手的成绩，会因从前一个球洞中取球带出的泥土，或杆头、鞋子在沙地上留下的凹痕而深受影响。在这之后，发球区逐渐形成，当时的样子类似一个小的方框，被称为"开球区"。那时的发球区缺少明显的指向标志，很难给选手指明正确的方向，更不用说球洞所在的落点区（landing area）了。因此，那时的球手很难找到自己的发球方向。

在19世纪之前，发球区几乎完全没有什么战略元素可言，直到一个专业设计师威利·派克（Willie Park），为发球区的位置和外形注入了新的设计理念——"发球区应尽可能高于场地，与发球方向有一定坡度。"他提出的建议很中肯：（1）有高度的发球区可以提供一个适合的发球角度；（2）有坡度的设计可以让球手把球打向空中；（3）未来的设计师应该给发球区添加校准功能。

派克的建议帮助19世纪初的设计师改变了发球区的设计标准，并深切地体会到了发球区外形的重要性及其对后续球洞的影响。他们意识到发球区不是球手随机选择的发球点，而是一个帮助球手选择击球落点的重要区域。发球区的正面和侧面都会影响球手对击球落点的选择。

在新泽西州科利门顿的松树谷高尔夫球场[1]，设计师将发球区分成若干区域，为球手提供了更多的发球区选择。这些小的区域是球场考验球手不同水平的第一关。更重要的是选择不同的发球区域将给落点带来戏剧性的变化。发球区的选择不同，后续的击球战术也会有所变化，这使得球手在发球之初就开始考虑自己的策略，而不是像过去那样漫无目的地击球。

第二次世界大战之后，发球区的变化日益显著，这也得益于我父亲的努力。当时，能够因地制宜，将自然环境的特点巧妙地融合到高尔夫球场设计的人，都会被业内顶礼膜拜。而我父亲那时在球场设计方面已经有了十多年的经验，在这个过程中开创了自己的设计理论。

他意识到对于设置在落点位置的特定地形而言，准确性和距离同样重要。通常情况下，如果这些地形是专为长打的专业球手而设，那么作用就不是太大。若要为了以地形考验不同水平的球手，就必须将发球区下的整个区域设置得尽量长而多变。为此，他将发球区设计成一个狭长如跑道或"航空母舰"一般的发球区域。这个长度大概在50~60码并尽量满足初、中、高三个水平等级球手的不同需求。吉恩·萨拉森（Gene Sarazen）曾嘲笑我父亲说，他以后会因回头看后面长长的发球区而患上慢性颈部痉挛的。

跑道一般的发球区会给球手带来惊人的视觉效果。如果方向准确，球会落在合适的区域内，通常是靠近障碍的位置，例如球道区的沙坑。你可以根据自己的能力选择发球区，但是一定要判断清楚这个发球区是否为你指明了正确的靶向。从"二战"之后

---

[1] Pine Valley

在佛罗里达州劳德戴尔堡的珊瑚脊乡
村俱乐部[1]，如跑道一般的发球区可以
说是罗伯特·特伦特·琼斯设计作品
的典型特征了。

---

[1] Coral Ridge Club

盘根错节的发球区，如夏威夷毛伊岛的马凯那胜地南方高尔夫球场[1] 5个标准杆的7号球洞，给了球手很多不同的选择。

到60年代前期，很多设计师都效仿我父亲以跑道为蓝本的设计风格，将多种地形加入其中。那时所建造的发球区，很多都反映了他的想法。

高尔夫球场地正确的保养管理，会使发球区的指向作用更加明显。这其中包括了两项重点内容：（1）对发球区表面采用合理的刈草模式；（2）对长草区进行恰当处理使其周边轮廓鲜明。作为球员，你可以选择使用跑道或者发球区的边沿来掌握方向。这种技术的运用使你能够将球打出如飞机起飞直冲云霄的感觉。但如果打得不好，就仿佛在急速的车流中大呼"让开！"或者如飞行员疾呼"求救！"一样，只能祈求上帝的眷顾了。

在20世纪60年代初，设计者对发球区的表面设计做了创新性

[1] Makena Golf Resort's South Course

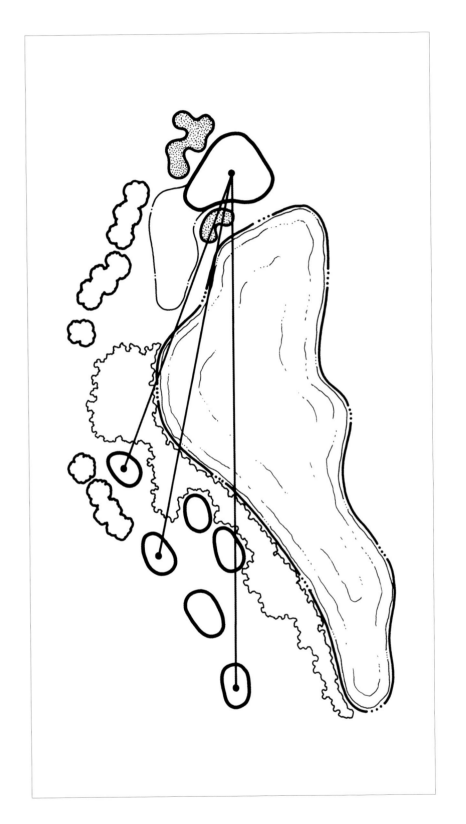

加利福尼亚州斯阔溪胜地高尔夫
球场[1]，3个标准杆的6号球洞，
那里一系列错综复杂的发球区对
球手绝对是个考验。

---

[1] Squaw Creek Resort

的探索，这让高尔夫的发球点更有趣味。设计者在受到20世纪早期设计理念的熏陶下，开始结合多种发球区位置设计的理念，自此，发球区的位置在"跑道"时期之后再次得到了发展，取得了意想不到的效果。不同种类的发球表面出现在新的球场上，而老球场也随之得到了革新。这些改变都证实了发球区与球洞保持一定距离是十分必要的。设计者也发现，将发球区加高能给球手带来更宽阔的视野。

设计师不断探索如何规划发球区，不久后就发现可以通过新的外形规划与高水平的保养技术来控制球洞的视觉效果和感觉。他们开始反思自己发球区设置的理论，并寻求在现有环境中让发球区的设计与其所处的环境达到混然天成的效果。发球区的高度变化、距离变化、基本设置以及外形等之间的协调关系成了当时业内共同的话题。

在过去的15年中，发球区的位置设计得距离球洞越来越远。过去的10年中所建设的球场，其发球区变得趋于复杂，无论是外形尺寸还是高度都更为多样。设计者希望通过不同的发球区能够给球手以更多的角度和距离选择，从而制订出不同的击球战术。

现代发球区已经很好地融入了当地的自然环境中，设计上更具创意，不受限制，从"一字线"设计到湖畔的一系列错综复杂设计都有。虽然变化很多，但是基本目标并没有改变，那就是挑战各级选手的技术水平。

在发球前运用基本知识获取自己的优势

发球之前做好规划，往往能决胜千里。如果世界上最伟大的球手都会花时间在开球前仔细考察场地，那么你也不应例外。

汤米·阿莫（Tommy Armour）曾经对我说过，"当你第二次在这个场地打球的时候，就不会有盲穴（blind holes）的存在了。"他是对的，但是第一次打的时候明显不会有这样的经验之谈，所以更要格外小心。当你站在发球区的时候，只有很短的一段时间用于制订计划。如果你在之前就考察过这个场地当然就事半功倍了。很多时候，路线图或者球场的航拍图片都很容易找到。多关注这些信息会给你提供很大的帮助。

除了路线图，在比赛前，你还要熟练把握计分卡（scorecard）和码数表（yardage book）这两种工具，它们可以更好地帮助你分析路线图，有效地提高你的成绩。

计分卡能让你学到什么？

在到达球场之前，计分卡是最好的球场分析工具之一。为了更清楚地说明这一点，我以加利福尼亚州斯托克顿溪涧乡村俱乐部[1]为例。这个计分卡（见后页）表达的内容有以下几点：（1）最后的那个路线图指出了球场的形状和球洞的特点；（2）11号球洞的水域值得注意；（3）落球区和目标区域的沙坑位置；（4）在发球区不远的位置是溪涧球场的主地形位置。在发球前，要先确定球场上对击球有特别影响的地形。

从计分卡上看不到风向，所以还应先掌握风向对击球的影响。溪涧球场盛行西北风，而暴风一般来自东南。如果在计分卡上将以上信息写上，可能你的把握就更大了。

_____

[1] Brookside Country Club

HOLE	1	2	3	4	5	6	7	8	9	OUT
BLUE	390	418	160	531	396	335	587	163	450	3430
WHITE	367	396	122	512	372	301	556	126	427	3179
HANDICAP	11	5	15	9	3	13	7	17	1	
PAR	4	4	3	5	4	4	5	3	4	36
RED	272	316	86	452	298	248	464	91	318	2545
HANDICAP	11	3	15	7	9	13	1	17	5	
DATE:				SCORER:						

PLAYER	10	11	12	13	14	15	16	17	18	IN	TOT	HANDICAP	NET SCORE
	548	380	131	387	152	420	559	181	532	3290	6720		
	503	347	113	353	141	401	530	165	512	3065	6244		
	14	8	18	4	16	6	2	10	12				
	5	4	3	4	3	4	5	3	5	36	72		
	434	264	74	295	89	342	444	115	420	2477	5022		
	10	12	18	6	16	4	2	14	8				
ATTEST:													

加利福尼亚州斯托克顿溪涧乡村俱乐部的计分卡包含了很多有用的知识，所以在开球之前仔细研究是很有必要的。

HOLE：球洞
BLUE：专业选手的发球区
WHITE：业余男子选手的发球区
HANDICAP：最好成绩
PAR：标准杆
RED：女子和青少年的发球区
PLAYER：选手
OUT：前九洞的俗称
IN：后九洞的俗称
NET SCORE：净杆数
DATE：日期
SCORER：计分员
ATTEST：证明人

码数表：计分卡上显示了专业、业余，以及前端发球台的码数。有些球场会有4~5套码数表。在这一点上，你需要选择前端或者后端发球区。每个发球区都是对你技术的考验。在这里，冠军是6 720码，比普通发球台（6 244码）多了476码，大约是每洞要多26码。

在一些新的球场，激光技术使用广泛，码数计量更加精确，场地上都有水洒喷头作为标示。

这些常识可以帮助我们消除选球杆时的犹豫不决，并将更多的注意力集中在场地的地形上。

标准杆：溪涧场地的标准杆是36—36—72（前九洞36杆，后九洞36杆，共72杆）。其中包括5个3杆洞（在白色发球台从短到中距离长度不一），而其中3个在后九洞，这也就是说你在后面的比赛会相对轻松些。开始的第一杆，就会为整个比赛定下基调。后3个3杆洞与3个5杆洞基本持平，几个5杆洞都在500码以上。据此推测，前九洞很不好打，刚开始就要提气发力。

最好成绩：最好成绩能帮助你了解每个球洞的具体难度。在计分表上，球洞会按难度排序，1号最难而18号最容易。寻找难度相对较高的洞，或者从难到易再从易而难反复试验每个球洞，这样做可能会打乱你的比赛节奏，但却对球洞理解有很大帮助。在溪涧球场，我们第一次是从易到难完成前九洞。后九洞先从两个简单的开始，再完成后续较难的。对每个球洞有细致的了解会让你做好比赛的心理准备。

坡度难度值（Slope Rating）：这个数据是对球场整体难度的衡量。所有球场的该项数值基本都在（难度最低的）70至（难度最高的）150之间。举例来说，我所在的北卡罗来纳地区的高尔夫球协会下属的俱乐部，这个数值基本是在67~147之间。在来溪涧球场之前，如果知道这里的中等发球区的难度是118，你立刻就明白自己要面对一个中等难度的考验了。相反，我父亲设计的卵石滩望远镜山高尔夫球俱乐部[1]中，普通发球区的难度就高达138，挑战之大不言而喻。理论上讲，坡度难度值越高，场地的难度就越大，你就越要做好心理准备。

在溪涧球场，更衣间和专卖店里都会贴出当地的一些特殊规则，但是记分卡上是不会出现的，花一些时间看看修改版的高尔夫球规则，你就会为之后的一些特殊情况做好准备，并合理利用当地的规则取得先机。

---

[1] Spyglass Hill Golf Course

关注计分卡的同时，也要和当地的选手交流一下场地信息。问问风向、基本地形、场地质量、最复杂的球洞、草地种类、果岭情况、长草区的高度和整体相关战术等问题，都是有效的准备工作。

了解球场的设计者也十分必要。如果是熟悉的设计者，可以通过以前了解到的相关设计风格对该球场进行类比。如果手头有设计者写的球场介绍当然更好。举例来说，第一次来到我设计的拉斯维加斯州西班牙小径高尔夫球场[1]，球手一定会得益于我的简述："这是一个大型的球场，波形果岭反映了当地毗邻山脉和荒原的特点。如果你的进攻过于激进，那么就等着在果岭附近救球（recovery shot）吧。"

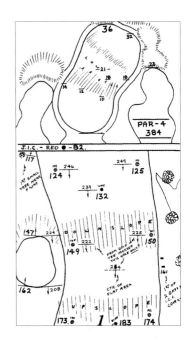

以乔治·卢卡斯（George Lucas）的码数表为例，它对掌握伊利诺伊梅迪纳乡村俱乐部4个标准杆的1号球洞的击球距离和地形十分重要。

怎样使用码数表

码数表是在美国高尔夫球职业巡回赛（PGA tour）中产生的，而现在正逐渐变成球手分析球场不可或缺的工具之一。我曾经在芝加哥附近的梅迪纳乡村俱乐部的一本码数表中看到过一些东西，书中记载着390码4个标准杆的1号球洞的图片和介绍，那本码数表还是乔治·卢卡斯为1990年美国公开赛所写的。一眼看去就能发现当时职业选手在巡回赛上比赛的很多细节。

因为这本码数表是为专业选手准备的，所有码数都以专业发球台（championship tee）为准，主要地形（树木、斜坡、沙坑、水域等等）都有记录，这些地形到发球区的距离也有显示。

码数表一般都会显示坡度和落球区的具体数据。球道区的具

---

[1] Spanish Trail Golf and Country Club Course

要注意发球区内的坡度，因为它会影响球的飞行路线。

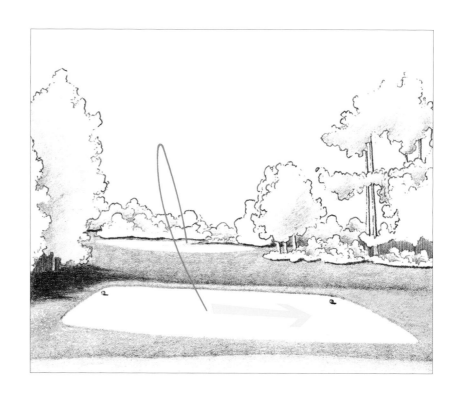

体情况也有介绍。

　　码数表最初只是想让专业球手对场地有所了解，直到码数表在所有球手中广泛流行，比赛前的功课准备就变得尤为重要了。我建议球手在比赛前都应该做功课。你可以在比赛前做，也可以在比赛中逐步完成。在比赛中简单记下距离、海拔、地形等所有可以帮助你认识球洞设计理念的信息。在这之后，你会发现自己对球场的认识完全不同，你的比赛成绩和竞技状态也会有所提升。

影响发球的关键因素

　　无论你要面对的发球区是怎样的风格、什么样的地理位置，首先考虑一下以下这些关键因素：海拔、位置和坡度，它们都会影响到你的发球。对这些因素的分析会对你的发球有所提升。

　　在发球区顺坡而下有两个关键后果。第一，往往发球区在球道区之上，因此落球区反而难以确定，主要因为垂直的下落会改变球的飞行距离。第二，一旦偏离路线，球就会飞得很远，如果对地形没有了解，球甚至有可能出界。因此，发球区越高，你就越应选择杆面倾角最小的球杆。

　　不列颠哥伦比亚的惠斯勒城堡高尔夫球俱乐部[1] 212码3个标准杆的8号洞就是典型的高发球区的例子。当你身处果岭之上80英尺的地方，左侧是一个大湖而右侧则是一个石堆，如果球路线偏左就可能直接丢球，而偏右则会直接撞上石壁。当然，如果幸运的话，球也可能弹上果岭。但是大多数时候，你可能不得不动用加拿大骑警来协助找球了。

　　有时我们会将球放在低于落球区的海拔位置。例如威斯康星州麦迪逊大学岭球场413码4个标准杆的8号球洞就是典型的例子。从发球区到球道区的海拔攀升有效降低了球路的偏差，因为海拔降低可以降低球速。在这样的发球区，你需要注意球道和最大球速。很多选手会因落球区在发球区之上而感觉不舒服，最终导致挥杆力量过大。在这种情况下，三号木杆（3-wood）比一号木杆就要适用得多，因为它的倾斜度更大，更容易飞出高弹道球。

　　另一个需要考虑的就是发球区位置与其他地形的关系。发球区有可能设置在树木、灌木丛、岩石或者山地边缘之中。在这样的发球区中，你相当于身处一个特殊环境中，对外界的风力等信息知之甚少，经常查看风力变化和其他球洞的情况就显得十分必

---

[1] Chateau Whistler Course

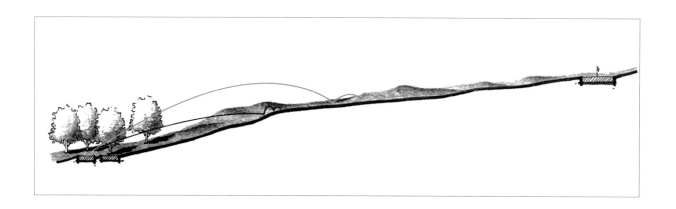

大学岭4个标准杆的18号球洞的
发球区到落球区，在地形有一个
向上的变化。对此，球杆的选择
至为重要。

要。相反，也有设计师将发球区直接暴露在当地各种天气与风力
之下，让球员完全不适应当地的环境。

一般情况下，发球区的选择跟设计者的心理有很大关系。举
例来说，有些发球需要球员大力挥杆，而在这种情况下还会伴随
相应的危险因素。大多数情况下，这种球实际风险更大。设计者
的目的就是为了让你在选择球杆与击球之间犹豫不决。

接下来要讲的就是发球区的坡度。一般情况下，发球区的坡
度是出于排水目的而考虑，但是坡度也会影响比赛质量。举例来
说，如果发球区从后向前倾斜，你的击球轨道自然会比预想中低
一些。而大学岭18号球洞的上坡结构，则会直接让你的球比预想
中的距离短得多。你需要在击球前站在相对靠后的位置去体会场
地的倾斜角度。

大多数设计者会将发球区向合理的击球方向倾斜。有时，
受地形影响，设计者不得不反地势而行，以使发球区排水流畅。
举例来说，合理的击球是从右向左，但是发球区是从左向右倾斜
的。在这种情况下，你就需要做出调整，适应环境。

这是佛罗里达州劳德代尔堡希斯顿山乡村俱乐部[1] 4个标准杆的9号洞。了解其主要和次要特征，对选择上果岭的路线很有帮助。

发球前你能做些什么

当你进入发球区，首先应确认球洞的主要特征。通常情况下，与球洞相关的信息量很大（无论是自然的还是人工的），比如左侧流淌的小溪，球道区上的树木，右侧的一排沙坑，波状的球道区，果岭前的湖，推杆区（putting surface）的坡度等。将每个特征进行逐一分析后，就会逐渐形成比赛的基本策略了。

当然第二级的特征也要注意，举例来说，设计者将球洞的"优势"设计在了哪里？哪里是短草区（short rough）的结束，哪里又是长草区（tall rough）的开始？长草区的边缘有树丛吗？球洞的附近是否有峡谷和水障碍？球洞在平均高度的什么

---

[1] Weston Hills Country Club

57

位置？风向如何？界外区域在什么地方？标记是什么？场地对球的反弹和滚动有哪些影响？

在充分考虑了这些因素后，你将面临比赛中最重要的抉择——你愿意在比赛中冒多大的风险？这一抉择的过程可能让你通过完美的表现赢得冠军，也可能让你直接击球失误。一系列的内容都成为你的考虑因素，影响你的决定，其中就包括你击球失误所要面对的后果、你的选择、你面对失误救球的能力，以及你击球的好坏。如果你觉得自己击球不够稳定，那就不要过于贪心。一旦你掌握了落球区的利弊，那么目标就不远了。

在有些球洞，选项相对较少。举例来说，当站在南卡罗来纳州美特尔海滨沙丘与海滩俱乐部[1] 576码5个标准杆、被人称为"滑铁卢"的13号球洞时，你会发现球洞的右侧是个大湖，这让那些企图打擦边球和想以长杆找到捷径的球手望而却步，犹豫不决——要么英勇地与湖里的短吻鳄一较高下，把球直接打过湖面；要么采取保守的策略，这样至少能省下颗球。

其他球洞的选择就不那么明显了，如佛罗里达州维拉海滩温莎俱乐部[2]，531码5个标准杆的3号球洞，这个洞可用"直来直去"形容，球洞两侧是树和浓密的灌木，左侧是3个球道区沙坑，你的发球应该瞄准什么方向已经一目了然——远离沙坑，选择右侧球道区。很多球手会尝试狗腿洞和弯曲度较高的洞，我个人则认为那些只有一种选择的洞难度往往比较高。如果你不能把球打到位，那就意味着从此万劫不复。

无论什么样的洞，发球都有一定的赌博成分。这就像直接瞄

---

[1] The Dunes and Beach Club
[2] Windsor Club

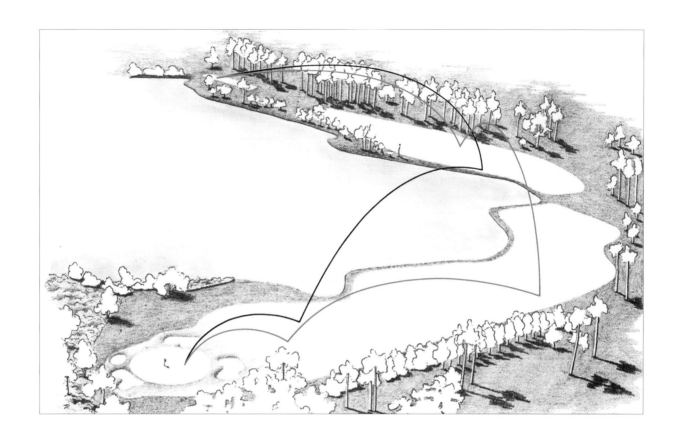

准障碍为第二杆做好准备一样简单，或者采用高飞球飞过树丛越过球洞一样大胆。

打高尔夫球就像下国际象棋，冒险进攻就是打球进洞赢得与设计者的博弈。想打败设计者，就要了解他的设计意图，评估出最合理的方案。举例来说，在赌博系数高的击球过程中，使用一号木杆就不太合适。通常情况下，设计者就是要利用球手贪心的心理，引诱他们决策失误，从而选择使用一号木杆。在一些4个标准杆和5个标准杆的球洞，在球道区使用木杆或者使用长铁杆都是明智之举。

下面要做的就是找到最佳的击球路线。设计师杰克·尼可拉斯说过："每个高尔夫球洞都会有最佳的进攻路线，你越认真分析，找到最佳进攻路线的机会就越大。"

59

佛罗里达州维拉海滩温莎俱乐部5
个标准杆的3号球洞，球手必须从
发球区按唯一的路线步步为营。

　　确定最佳路线的最优方法就是先从旗杆的位置开始观察，然后
将视线回溯到发球区。从球杆的位置观察可以找出针对球道区的最
佳击球角度，以及针对击球方向的最佳落球区。最佳击球路线可根
据不同的球洞、天气情况、比赛条件、发球区位置而有所变化。

　　另一种比较有效地分析最佳击球路线的方法，是分析果岭区
及其特征。它的位置和外形揭示了上果岭的最佳位置，就像根据
球洞位置确定击球方案一样。举例来说，果岭右侧前方位置是片
水域，而左侧一片坦途，那么进攻左侧就没错了。

　　如果你在发球区既看不到果岭也看不到旗杆（标记球洞），
那就看看球洞的走向吧。通常情况下，球洞的地形会告诉你目标
的所在。举例来说，如果狗腿洞是从右向左的，左侧的落球区会
给球手提供一个不错的角度而且会缩短整个进攻距离。

你还应该考虑自己的击球特点。是否能击打出左旋（hook）或者右旋（slice）球？能否从容控制球从左向右飞或从右向左飞行？比赛中，你应该利用自己的优势，发力将球打入球洞。

现实情况下，几次击球才能上果岭和理论上的标准杆数有很大不同。这就是你要统计的数字。如果是5个标准杆，则需要5杆入洞，那么就要为5杆做好准备。如果你能快速将这几杆有机地组合在一起，那么你就能确定自己的击球距离和球杆选择了。尽量制订详尽的计划，不必要的击球和失误就不太容易出现。

最后，找到适合的标记物会让你事半功倍。它可能是一棵树，或者视野附近的某个点，一个障碍，或者其他什么。每个球场都有一些基本的标记物。当然，这需要我们在恰当的情况下合理使用。举例来说，葡萄牙里斯本番哈罗那高尔夫球俱乐部[1] 560码5个标准杆的18号球洞，这里的标志物是果岭后隐约可见的一座白塔。

在比赛中，要找到适合的落球区。美国女子职业高尔夫（LPGA）球手玛莎·诺斯（Martha Nause）曾经告诉我，"加拿大有一座高尔夫球场，那里的球道区有70码宽，我却表现得很糟糕。我在发球区就没找到合适的目标，我一直打得很糟糕。我对自己说，'随便打到哪里都好'。可那里可能就是球道区的沙坑。"

击球落点远比击球长度更重要。位置往往比距离重要。位置和角度的把握都是为下次击球做准备，良好的发球是完成比赛的保障。如果不能做到以上各点，后果不仅仅是让你感到头痛，而且还会因为后续费力救球令你感到背部酸痛，且实际杆数超出标准杆两杆（double-bogeys）。

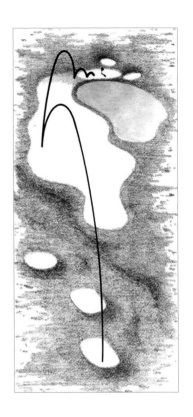

通过观察果岭和周围特征，就能明确最佳的进攻路线。内华达州拉斯维加斯西班牙小径高尔夫球俱乐部4个标准杆的9号球洞就是很好的例子。

---

[1] Penha Longa Golf Club

61

发球技巧

在发球前，有几项决定应该予以考虑。第一，你应该怎样发球？我们应该发一个什么长度、什么角度的球才能将球打进洞？

接下来，走到发球区的后边，观察一下果岭；然后再往前走。这个过程中最重要的是，从发球区的一侧走向另一侧感受视野的变化。现在，站在发球区的标记物附近，决定击球落点。逐渐习惯这种方法，你就会发现那些隐秘的落球点，因此可以改变你的击球路线。

众所周知，1979年在俄亥俄州托莱多的因弗内斯高尔夫球俱乐部[1]举行的美国公开赛上就有过这样的例子。在赛前的练习局中，经验丰富的专业选手朗·辛克尔（Lon Hinkle）发现从左侧5个标准杆的狗腿洞树木旁开球很不错。站在发球区后面，辛克尔站在发球区的左后侧向左瞄准，他可以将球打向邻近的17号洞的球道区，大概距球洞60码的距离，这样原先的528码就缩短为470码左右了。如此一来，他就可以用中铁杆（mid-iron）完成上果岭的任务了。美国高尔夫球协会（USGA）官员并未对辛克尔的创意感到激动，反而大感烦恼，他们连夜种了一棵24英尺高的云杉树，改变了辛克尔的击球路线。

日本兵库县松树湖高尔夫球俱乐部[2] 538码5个标准杆17号球洞显示，站在发球区的最左侧会让你的视野开阔很多，看到整个落球区的全貌。右侧的球道区是一个大沙坑，但是右侧最好的落球区就在沙坑之上。如果球手向左侧击球，目标就相对明确；而

---

[1] Inverness Golf Club
[2] Pine Lake Golf Club

左页：
葡萄牙里斯本番哈罗那高尔夫球俱乐部5个标准杆的18号球洞果岭后的塔，指明了击球的方向。

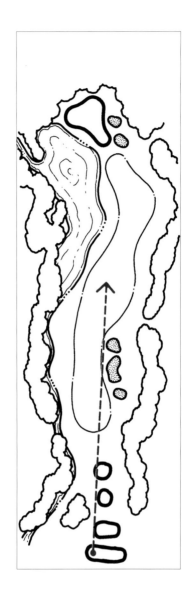

如果站在日本松树湖高尔夫球俱乐部5个标准杆的17号洞发球区的左侧，你整个视野都会开阔很多。

向右侧和中间发球，前景就不是很明朗了。

花一些时间，仔细观察发球区的标记物。不要想当然地认为它们已经为你指明了方向。同时也要观察发球区与球道区是否在一条线路上。你也有可能在发球区找到了合适的角度，结果却发现球垂直打过了球道区。没必要每个发球都瞄准理想的位置。发小球（特别是在陡峭的区域）要尽量把握地形，打出合适的角度。这时候就需要球手自己掌握发球路线了。

规则允许球手将球发到标记物间任意的位置，只要在标记物后两杆之内就可以。你也没必要站在标记物之间，但是球必须在标记物之间，而且不能越过标记物。在大多数情况下，发球区至少有一侧是便于瞄准靶向的。经过观察，有经验的球手都会将球放在障碍最多的发球区位置，从而直接将球打过障碍，落到球洞附近比较平坦的区域。

多使用木制球座的原因，是因为它有助于你为球找到一个比较理想的落点位置。随意地将球扔在地上，接着完成挥杆，看起来很潇洒，但是没有一个专业选手会在巡回赛中这样做，除非他刚打出了一个三帕忌（triple-bogey）[1]。极个别时候，专业球手为了对抗强大的逆风不得不将球放在草丛中。即使在这种情况下，球手还是会一丝不苟地将球放在草皮上的凸起位置，这在高尔夫球规则中是允许的。规则同样允许你选择其他的发球位置、在挥杆前除去场地上一些疏松的杂物来平整地面，或者除去地面上的杂草等等。

击球高度由球杆和挥杆动作决定。一号木杆可以将球打得很高，能满足你的要求；而中长或短铁杆的击球路线较低。在有风的情况下，最好选择较低的击球路线，不然只能准备好棒球手套或者网子去接球了。

最后需要提醒的一点是，推杆往往是最后帮助你完成击球进洞的选择；但有时使用一号木杆也能达到同样的效果，特别是面对3个标准杆的球洞时，你需要注意球杆的选择和球上果岭后的距离，以及要判断出当球碰到果岭后会发生怎样的情况。在旗杆附近更是如此。规则范围内，禁止询问对手的意见。超过3个标准杆的球洞，一定要注意球道区的情况，其中包括场地特征和风向影响。

一号木杆通常用于击打被架在稍高一些的球座上的球，以便取得向上的飞行弹道，而铁杆则被用于低球座上的球，负责击打路线较低的球。

每个发球区都是一个新的开始，它是让你的机会最大化的一个平台。记住，找到发球区周围的球道区是得高分的保证。

---
[1] 低于标准杆三杆

球道区和长草区

3

俄亥俄州哥伦布市伟吉伍德高尔夫球乡
村俱乐部[1]的10号球道区包含了树林、
沙坑、长草区等诸多地形,给球手的球
路选择平添了不少挑战。

前页:
加拿大不列颠哥伦比亚省惠斯勒城堡
高尔夫球俱乐部的球道区是典型的倾
斜球道区,它依山而建,需要球手多加
注意。

---

[1] Wedgewood Golf and Country Club

"球道区"这个词向每个高尔夫球手都传递了一种正能量。它意味着适于停球的平整草皮、最佳的落球区域、合理的推球进洞的线路。如果在整轮比赛中都能将球一直保持在球道区内，那对于球手来说简直是莫大的恩赐。

职业高尔夫球协会锦标赛每周都会对球道的精度进行统计。鼎盛时期，卡尔文·皮特（Calvin Peete）每年都会获得领先者年终奖。皮特在高尔夫球界声名卓著，在1981~1990年这十年间他曾十一次赢得巡回赛冠军并一直雄踞排行榜榜首。显而易见，只有技术优异、始终能将球保持在球道区的选手才有实力获得该奖项。

职业选手大卫·格拉汉姆（David Graham）亦精于此道，他的例子也说明了将球停在球道区的重要性。在1981年美国公开赛中，他以比乔治·伯恩斯（George Burns）落后3杆的成绩进入最后一轮，最终却以67杆的总成绩赢得了胜利。格拉汉姆近乎完美的球道区表现令人惊艳。在宾夕法尼亚州阿德摩尔的梅里恩球场的比赛中，他除了最后一天首杆开球不利，其他每杆都在球道区内。这让他在以场地难度大著称的美国公开赛中占到了很大便宜。

看待球道区的不同方式

概念上讲，球道区并不只是短草区，我认为球道区关联了与球洞有关的所有重要组成，树木、长草区、沙坑、水面障碍和果岭位置等等。而这些区域本身又较球道区复杂。

后页：
在芬兰拉西卡斯基高尔夫球场[1]制订路线图，一定要小心谨慎，要合理利用场地的自然地势变化和注意现有地形特征。

---

[1] Ruuhikoski Golf Course

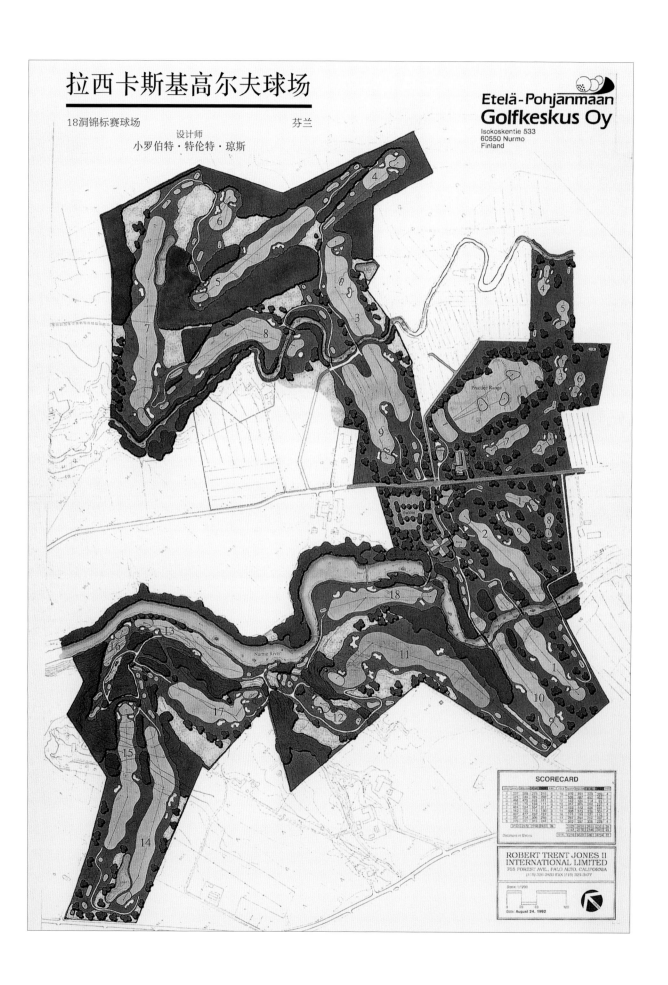

俄亥俄州哥伦布市伟吉伍德球场的415码4个标准杆的10号球洞，地形设计独特，非常值得我们研究。在第一个落球区，球道区的左边是一排树木，形成了一道天然屏障；右边的沙坑及其之后的长草区地形更加复杂。由此可知，球道区将与球洞相关的一切因素都联系在了一起，包括果岭四周的沙坑区、推球区和周边树木等。

开始比赛之前，我们应先计划好相应的击球路线。依据地势变化来考虑球洞的顺序。每个洞画好相应的中心线，即一条从发球区到球道区、再到果岭的直线，中间以"转向点"连接。这样，球道区就自然成了从发球区到果岭的平坦小路了。

研究芬兰塞伊奈约基附近的拉西卡斯基高尔夫球场的击球线路，首先要对北极圈南部的相关环境有所了解。当地的冻土苔原丰富，多黏土状松弛的土壤，排水问题比较严重。当地多石，水分蒸发得快，树较少。经过两天的观察和考察，击球路线基本已经在我的脑海里成型了——整个线路以蜿蜒的河流为主线，并入一些岩石和树木，一条6 800码的设计路线跃然而成。

在脑海中勾画出每一条球道的主线，你就会找到一条自然而然的康庄小路，并逐渐找到每个洞的设计特点。最终，你就能沿着这条主线轻松地击球入洞了。你对地形越了解，对洞的走向掌握得越好，你就能表现得越出色。绕过主线，另辟蹊径，只会让你输掉比赛。

站在发球区或是球道区，高尔夫球手通常会有这样的疑问：我该朝哪儿击球好呢？同样重要的问题还有，球道区的走向是什

西班牙雷乌斯附近的博蒙特雷斯诺弗斯高尔夫球俱乐部[1]4个标准杆的15号球洞的球道十分狭窄，给长打者（long hitters）的准确性提出了极高要求。

---

[1] Club de Bonmont Terres Noves

加利福尼亚州纳帕谷西尔维拉多乡村高尔夫球俱乐部北球场[1]的4个标准杆1号洞，平缓的球道区给球员进攻果岭提供了良好的机会。

么？它的角度是怎么变化的？关注球道区的宽窄变化通常会让设计者打开思路，因为这会让设计者思考不同球手对球落点的掌握。一些简单的自然屏障都会使球道区变窄，例如草、树木、沙坑、斜坡等等。如果你有时间，尽量丈量一下球道区的宽度，甚至是进行步测。如果你有时间完成丈量，击球落点就不是问题了。

球场建设竞标方案中，曾经这样写道："承包商要根据设计者要求建设球道区，同时要考虑到高尔夫球本身的项目价值和环境的优美。只要改变有益于高尔夫球场，设计者就有权改变球道区的设计。为了获得更艺术化的设计和展现球场的比赛功能，设计者有权要求承包商对球道区进行返工。"

---

[1] Silverado Country Club's North Course

这个合同条款重点在于说明球道区的外形轮廓对于球洞好坏的重要性。为了让你更好地了解这些概念，我会在下面的内容中介绍一些球道区设计的专业知识。

一个设计师可以毫无限制地自由设计自己风格的球道区。为了让你深入地认识之前讨论的球道区基本要素，我将简单讨论一下球道区的一些基本轮廓和风格。不过须要提醒的是，设计师通常会将很多不同的轮廓和风格融为一体，置入到一个球洞区的设计中。

说到球道区的轮廓，在这里指的是球道区的三维结构或者地形特征。举例来说，球道区或平坦，或倾斜，或各种特点兼而有之。另外，球道区的风格一般可以在二维空间中加以表述——如我们所见的，路线图，或者常见的狗腿洞等等。

球道区轮廓

平坦球道区和基准球道区

当我说到"基准高尔夫"（baseline golf）的时候，我要表达的就是那种地势绝对平坦的场地。加利福尼亚州帕洛阿尔托市高尔夫球场和加利福尼亚州纳帕谷西尔维拉多乡村球场就是典型的例子。那里的场地设计使用了现代化的掘土技术，为场地提供了一个平坦的球道区。很多美国早期的高尔夫球场，特别是大萧条和"二战"之后至60年代后期之间修建的球场，球道区都异常平坦。而在过去的20~25年间，设计师却主要致力于球场地势的起伏变化，以增加场地比赛的难度，改进灌溉系统。

只要有可能，设计者就会在设计中融入树木、高地、水域等

马凯那胜地南方球场4个标准杆的8号洞就是典型的起伏球道区。这样的球道区一般都体现了当地地形的特质。

众多元素，力求给平直的场地带来更多的功能，以及视觉上的对比。因此，在选择击球的时候，务必要对这些景致背后蕴藏的深意了然于胸。

高地球道区

早期的一些球场是建在沙丘上的，场地上多是沙子和自然形成的空洞，球洞周围遍布这种沙子和空洞。随着高尔夫场地设计的不断演变，土丘成为了球洞周围的一景。著名球手唐纳德·罗斯（Donald Ross）曾经将果岭和球洞四周草皮描绘成图。罗斯笔下的土丘起伏程度各不相同，这就对球手的击球角度、站姿、击球技术提出了不同要求。

当今时代，土丘大多用于改造老球场的风貌。为了让那些人造山丘显得更加自然，建设者广泛利用了重型掘土设备。有时，大型的山丘会做得比较过火，有些甚至会非常荒谬，导致击球角度异常尴尬。

土丘在设计者手中作用广泛。球道区的土丘可以像沙坑一样充当设计师的防守悍将。作为高尔夫球场上的一种障碍，土丘可以把一次击球化为无形，也可以让球手直接面临不小的麻烦，又或者会让球手面对一个困难的下坡、斜坡或者上坡的球位。作为视觉障碍，土丘可以遮挡你的视线，让你对场地备感不适。站在果岭前，你需要一个灵巧的劈起[1]将球打过土丘，并让球在短距离内减速。土丘同样可以成为发球区的标志物和球道区边界的标记。当面对球道区的土丘时，你需要询问自己以下几个问题：它们给我指明击球方向了么，还是仅仅为了美观而已？它们背后有没有隐藏的落球点？它们是否影响了球的偏转和操控性？

起伏球道区

有些球场——如阿肯色州的香奈儿球场、密苏里州的高山泉球场、麦迪逊的大学岭球场、芝加哥附近的水晶树高尔夫乡村俱乐部[2]——有一个共同特点：它们都建在起伏相对平缓的地形上。设计者的考虑是，这种地形能给选手制造假象，让其游移不定，却又没有想象中那么严峻。

从地势角度看，起伏地形忽高忽低，有一种在雪场上滑雪的感觉。从泥地到高原地带会有很多起伏，这给设计者提供了很大空间。在起伏不平的球场上打球，应该格外注意场地上的起伏变化，因为在平地、上坡地段、下坡地段，球的运动距离完全不同。

---

[1] Pitch，切击，劈起击球，是击球方式的一种。打出的球具有很高的弹道，特别具有明显的倒旋，通常用于近距离内将球打上球洞区或使球越过陷阱累累的区域。——译者注

[2] Crystal Tree Golf and Country Club

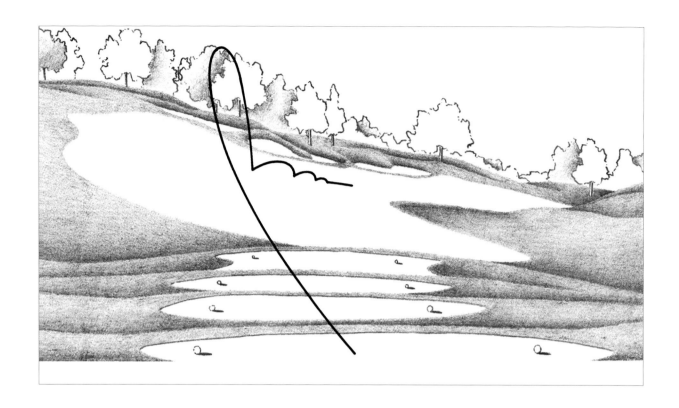

泰国圣塔布里高尔夫球俱乐部[1]
5个标准杆的13号球洞，那里的
球道区是典型的倾斜的球道区，
倾斜角度非常明显。

在斜坡上，要学会站在球的一侧丈量斜坡的角度。地面就是你击球角度运算公式的一部分。在头脑中想象出一道山坡与平面夹角的斜边延长线，并假想其对球道产生的影响。注意倾角的变化会提升你对球杆、击球的正确选择。

倾斜球道区

以下我提到的球道区（或者球道区的一部分）都是倾角较大的球道区。当遇到这种球道区的时候，请对不同角度随机应变。在这种情况下，需要仔细计算击球的时候增加多大的斜坡角度。这一思考十分关键，因为在陡坡上，一个错判的反弹都有可能把球送出边界，葬送掉你的优势。

[1] Santiburi Golf Club

现在你可能对设计师不同设计风格的球道区有了新的认识，这些球道的目的就是为了提升比赛的难度。下面我们一起探讨一下不同风格的球道区和它们对球手击球选择的影响。

球道区风格

直线型

直线型球道区是球手最为常见的一种球道区。这种球道区是一条从发球区到果岭的直线区域，各个洞的位置基本一目了然。一般情况下，看起来将球打到球道区的中间位置是个不错的选择，但实际上将球打到球道区的一侧更有利于球手发挥，而方向的选择取决于旗杆和球场障碍的位置。

以西尔维拉多乡村俱乐部北部球场436码4个标准杆的4号球洞为例，这个球道区我们在前文曾经提到过。站在这里的发球区就直接可以一览无遗地看到旗杆。对这种球洞，你应该在脑海里做击球线路的反向回放，因为旗杆的位置给出了球道的哪一侧才是最佳的进攻角度。如果球洞在右侧大沙坑的背后，左侧球道区就变成了相对合适的路线了；如果球洞在左侧果岭后，右侧球道区就比较适合进攻。

狗腿型

最初的球场大多在海边，那种球场球道区的视野相对开阔。随着球场不断向内陆发展，树木也成为球场的一部分，设计者更

日本美穗乡村俱乐部[1] 4个标准杆的13号球洞有个典型的直线型球道区，球洞位置和果岭周边的障碍决定了球道区的落点位置。

---

[1] Miho Country Club

多地将球洞设计在树木之后以增加对球手的挑战。狗腿洞也应运而生。在一般情况下，一局比赛中，你至少能看到3~4个明显的狗腿洞。

举例来说，俄亥俄州哥伦布市的杰弗逊高尔夫球乡村俱乐部[1] 380码4个标准杆的13号球洞，是急速向右侧弯的狗腿洞。这个中等长度的洞，在计分卡上看起来稀松平常，却因球道区的地形特点让人备感关注。狗腿结构的存在给发球落点的选择增加了很多不确定的因素，因为你很难同时看到球洞和情况不明的果岭路线。

有时一个5杆洞可能会包含两个狗腿区域。地处瑞士边境附近的法国上萨瓦省波塞高尔夫球乡村俱乐部[2] 492码5个标准杆的13号球洞，很好地说明了球手面对两个狗腿区域时需要采取一个怎样多变的击球角度。这里的球道区偏向两个不同的方向。因为球场地形特点突出，球手至少要两杆才能将球打上果岭。即使你的发球十分完美，也不能一杆搞掂这个弯道。大多数时候，第二杆反而更具挑战，因为这一杆才奠定了球在果岭上的位置。

在面对狗腿洞的时候，以下四个问题十分关键：（1）哪条路线是击球入洞较近的？（2）这个狗腿洞值得我冒险吗？（3）狗腿洞的夹角位置有多大的落球区域？（4）我能直接将球打过狗腿区域吗？

走廊型

随着高尔夫球场逐渐向内陆发展形成平原疏林地球场和山地

---

[1] Jefferson Golf and Country Club
[2] Golf and Country Club de Bossey

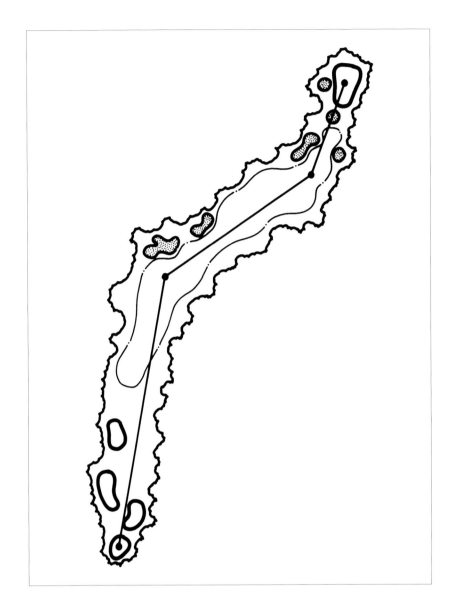

在法国波塞高尔夫球场，挑战这里的双狗腿区域的5个标准杆的13号球洞，预先的详尽规划十分必要，因为这里的球道区弯向两个不同的方向。

后页：
美国缅因州卡拉巴萨特谷的休格洛夫高尔夫球俱乐部[1] 4个标准杆的10号球洞树木丛生，完全成为了球洞的天然屏障，球手必须不惜一切代价越过屏障。

球场，设计者开始遇到许多树木林立的场地。在树木丛生的地方开拓场地给设计者造成了一个进退两难的境地。一方面，球道区两侧的自然风光让球手侧目，这也完全表达出了高尔夫这项运动的意境；另一方面，受环境影响，场地路线不明显让球场本身质量下降，环境本身又成了场地设计的不利因素。

---

[1] Sugarloaf Golf Club

厚厚的树木丛给球场设计带来了很大挑战，设计师需要小心翼翼地合理保留自然景物才能设计出高质量的球场，同时自然风光的保留也是对球场风景的极大提升。只有花大量的时间，在树木的华盖中一寸寸地考察，才能真正了解场地的地形特点。航拍照片和简单地对起伏地形的勘察都很难确实地了解到树林中的地势变化。

在地势勘察完毕之后，就是准备场地的路线图和中轴线（一条视野通畅，便于行走的窄路）。中轴线的作用在于以一个高尔夫球运行的视角穿过树林直达洞口，用以佐证路线图的合理性。然后将适合场地的树木保留下来，这在前期工作中占了很大比重。最后，清掉大批的树木为建造两侧都有树的球道区做准备。通常情况下，我们将这种球道区称作"走廊型球道区。"

图中标示的是缅因州卡拉巴萨特谷的休格洛夫高尔夫球场335码4个标准杆的10号洞。走廊型球道区是以茂密的树林开拓而成的。这些树在给球手指引方向的同时，也为那些方向错误或击打不当的球起到了自然屏障的作用。在设计者眼中，这些茂密的树木是场地的主要障碍，无论是否能将球打进走廊球道区，球手都应该尽其所能躲开树木。

分岔型

设计者还可以将障碍建设在球道区中间，将其一分为二；或者通过海拔变化来使球道区分岔，这就是"分岔型球道区"。这两种模式的处理方式都差不多，我将合二为一进行讲解。

在第一种分岔方式中，球道区的两侧处在同一水平面上。这种分岔区通常是由沙坑、长草或者是小水坑构成的，不过小水

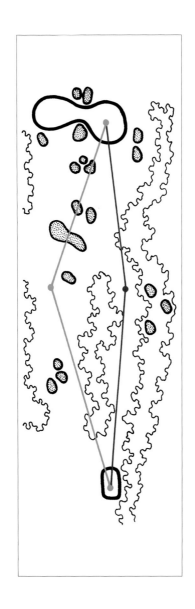

圣·安德鲁斯4个标准杆4号洞的球道区是分岔球道区，两条充满风险的岔路直接将不同水平的球手区分开来。

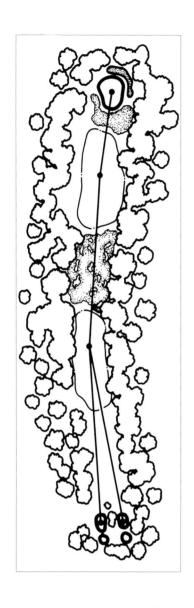

处理新泽西州科利门顿的松树谷
高尔夫球场5个标准杆的7号球洞
岛屿型球道区的关键，在于球手
的准确性和控制能力。

坑出现的机会较小。通常，球道的其中一侧给球手提供了绝佳的进攻位置，但是这种直接越过障碍明显比将球打上落球区风险要大；而球道区的另一侧则相对风险较小，但是离目标较远，路线也比较复杂。这种分岔球道区给球手带来的困难程度，取决于场地障碍的类型和设计风格。

第二种情况是从不同海拔将球道区分成两部分（或者更多的部分），有的球场还会增加障碍来区隔球道区。海拔变化必然伴有情况相对恶劣的斜坡，这也导致许多击球需要在较高的位置完成。落球区区域较大，是这种球道区明显比第一种轻松的地方。至少，球道区有一侧位置较好。

分岔球道区还有很多，如圣·安德鲁斯463码4个标准杆的4号球洞、帕普山[1] 557码5个标准杆的9号球洞和夏威夷毛伊岛马凯那胜地山363码4个标准杆的6号球洞。与本节开头部分描述的一样，分岔球道区分类众多。

分岔球道区也体现了风险回报的设计理念。在任何情况下，设计者都会说，"首先应花一段时间考虑击球路线，总有一种路线会让你获得额外的回报。"当然，设计者的初衷是让你在两种路线之间游移不定。

岛屿型

一些人很喜欢新泽西州科利门顿的松树谷的岛屿型球道区。这里的大半球洞，从发球区到球道区都要经历一个类似"跳房子"一样的结构。插图中是585码5个标准杆的7号球洞，这就是

---

[1] Poppy Hill Golf Course

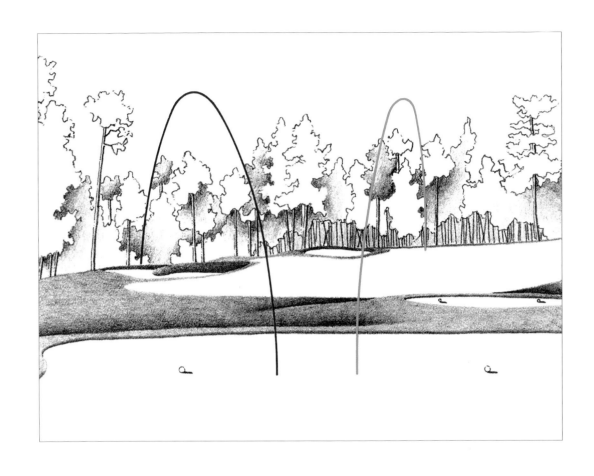

面对加利福尼亚州卵石滩帕普山5个
标准杆的9号球洞的分岔球道区，应
根据自己的能力选择恰当的落点。

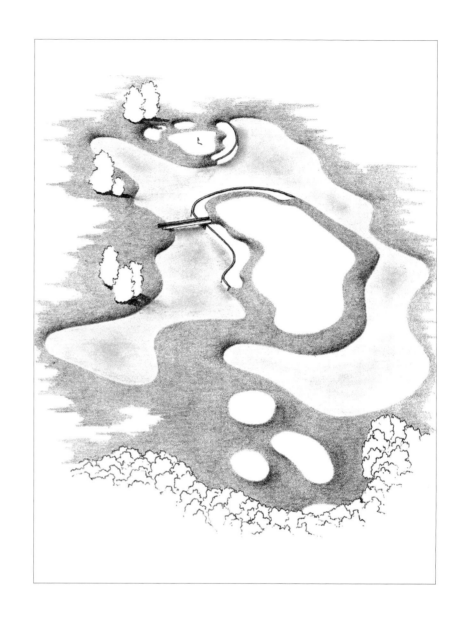

明尼苏达州布鲁克林公园爱丁堡美国
高尔夫球场[1] 4个标准杆的7号球洞，
位于一个四面环水的岛屿型球道区。

---

[1] Edinburgh USA Golf Course

岛屿型球道区的缩影。

岛屿型球道区一般会有三重挑战：（1）击球方向比击球距离更重要。岛屿型球道区非常容易出界，而击球失误的结果通常就是直接将球打进了复杂的"迷宫"中；（2）击球距离需要提前确定好。通常情况下，危险都隐藏在主落球区的附近，所以了解落球区的远端边界和选择适合的球杆十分必要；（3）如果你对前面的障碍毫不在意，那么后面你就会麻烦不断。

草地及其场地特点

球场的草地情况对比赛影响很大，我们应对其给予更多关注。因此，接下来我须要简单介绍一下一些常见的草地特点。第一，设计者会选择与场地环境相配的草。加利福尼亚州卵石滩的西班牙湾球场是典型的林克斯场地，我们就选择质地坚硬、茶色、抗旱的牛毛草，这种草通常种植在苏格兰沿海的林克斯场地上。它的好处就在于其可以在当地相对干燥的气候下保持水土；传统的北方场地，温度相对不高，我们则会选择常绿草（bentgrass）；而对于山地场地，黑麦草（ryegrass）是不错的选择；南方地区，质硬的百慕大草（bermudagrass）更实用。由此可见，最重要的还是要记住，草质对比赛影响很大。

下面让我们继续了解高尔夫球场地上丰富多样的草地类型。从击球角度来说，我们应该了解不同草种对球位和杆头击球的影响。我会就每种草给大家一些简单的指导，当然指导涵盖物理外形、气候因素和击球特点等。

常绿草： 这是一种生长在凉爽气候的草种，叶片纹理较好，在球道区使用广泛，常见于美国和加拿大的东北、西北和西部地区，以及日本和欧洲的一些地区。但它不耐湿热的环境，须要持续稳定的浇灌。用常绿草铺成的球道区表面，球位密实。因此在这样的球道区击球，距离往往不长。除了少数情况，常绿草基本不在长草区使用，因为它基本长不高。

百慕大草（也有的地方叫佳琪草）：是一种热带气候草种，它是宽叶（混种百慕大草）和糙叶（普通百慕大草）的混合品种，具体混合情况视场地而定。百慕大草在球道区和长草区都比较适宜，在加勒比地区、美国南部，以及其他热带地区多有使用。这种草在热带潮湿气候下长势很好，比常绿草吃水少，长势旺盛。在球道区，百慕大草地球位稳定、阻力小。百慕大草草皮会有裂缝，但自身修复能力强。而长草区的百慕大草，质地坚硬，对球杆阻力大。

蓝草（bluegrass）：这种凉爽气候草种，叶片更长，对球杆造成的阻力在百慕大草和常绿草之间。这种草适合在多种地区种植，耐温差。蓝草在球道区和长草区都有使用，但是现代球场更多地将其运用于长草区，以区别于不同颜色的常绿草球道区，形成视觉上的变化。这种草在山区和草原地区同样使用广泛。蓝草球道区球的运动距离和常绿草相似。但是蓝草长草区会给球手造成很大阻碍，特别是那些叶片较长的蓝草。

牛毛草：是一种喜凉草种，叶片粗糙，纹理分明，多生长在海边。它是一种长于不列颠岛海岸的草种，一般有两种基本类型：一种是细牛毛草，它是一种细草种；还有一种叶片厚实、纹理分明的高大野生牛毛草。细牛毛草对球杆阻力较小，而在长草

右页：
日本胜浦市高尔夫球场[1]的4个标准杆12号球洞铺满了不同颜色的草皮，用以区分球道区和长草区。

---

[1] Katsura Golf Course

86

区，牛毛草本身给球手带来的阻力较小，甚至比蓝草和黑麦草都小。另一方面，高大的牛毛草在长草区的应用却越发广泛，这主要得益于这种长草区与球道区非常易于区分。有些长草区以牛毛草和蓝草混合而成，其混合的特质给球手造成的困难不言而喻。而细牛毛草的球道区与常绿草类似，形式细密，阻力较大，击球距离短。

克育草（kikuyugrass）：这是一种生长在温和气候环境中的草种。这种四季生长的草种叶片肥厚、质硬、生长快。草的长势凶猛，容易扩展到场地的其他地区。在种植了克育草的球道区，球的运动距离基本与常绿草、牛毛草类似。而在长草区，这种草粗壮的叶片会给球手的球杆造成很大阻力，也有可能致使球突然减速下落。如果球落在了克育草的长草区，那么想摆脱基本是不可能的。

一年生蓝草（annual bluegrass，也叫一年生早熟禾）：这种季节性草喜潮湿气候，多数情况下会在春季种植，当然同时种植的还有常绿草和牛毛草。这种蓝草黏性大、丛生，在球道区和长草区都不太适合。它的影响力在于它的长势，它比牛毛草、常绿草都长得快。农学家发现这种草的生长率大概比常绿草高40％，这就造成它在其生命周期中在球道区和长草区的长势不均匀。这种草同样会给球手造成很大麻烦，特别是在果岭周围的长草区。

黑麦草：这种草喜凉，除了不耐热和怕水淹外，在大多数环境中都能旺盛生长。它的生长习性及其抵御侵害的特质像极了蓝草。因为黑麦草出苗快、生长迅速，所以通常在冬季会用它来完成与百慕大草球道区和长草区的交播。作为球道区表面，它能在短期内形成油黑发亮而浓密的草坪。同时，它还能很好地保持水分。由于黑麦草对杆头的中度阻力，球若陷到这种长草区，一时

常绿草

百慕大草

细牛尾草

一年生蓝草

黑麦草

结缕草

澳大利亚西部君达乐乡村俱乐部[1]
沙丘场地4个标准杆6号洞附近的
刈草模式，让球道区和长草区异常
分明。

半会是难以脱身的。

结缕草：这种暖季型草本植物叶片扁平粗糙，在温暖的气候条件下长势旺盛。它能抗御美国过渡带骤变的温差。因为它本身会产生轻微的摩擦阻力，所以结缕草球道可以为球道区上的球创造出跟百慕大草相像的球位。结缕草平滑浓密，且对杆头的阻力较轻，所以球手更容易打出远距球。在日本，一种被称作"贞女"（korai）的结缕草常用于球道区，而另一种比百慕大草阻力更小的草——一种被称作"纳西巴"（noshiba）的结缕草则常用于长草区。

时下，人们投入了大量的精力来研究如何开发耐旱、对肥料需求少，并且抗害虫能力高的草坪，像野牛草（buffalograss）、雀稗（paspalum）、早熟禾（poa）抑或是其他类型的改良草种，将有可能出现在未来的球场上。

球位与球位攻略

球位分析有两种基本方法：首先，参考球停止点的所在坡度；其次参考球落入草丛的位置特点。通过对各个参数的分析，你便可以确定最优的击球方法。

当然，设计者这样构建球场的其中一个原因，便是希望测试一下球手的球路和考验一下球手的击球技术。尽管我们设置了平台落球区以便使球手有机会获得平面球位，但我们知道很多时候难免会将球打到其他区域，这就需要球手调整站位和挥杆

方式。这种球通常可以分为四种斜面球位——上坡位、下坡位、自右向左的斜面球位（球低于脚）以及自左向右的斜面球位（球高于脚）。

有三点需要记住：（1）不要因为一个斜面球而灰心沮丧；（2）调整站位时，首先要对杆位方向和球位角度有一个清晰的认识；（3）具体球位具体分析，及时调整以便形成一个更加扁平的挥杆平面。

尤其要重视杆位方向。对于下坡球而言，球路容易右偏，球会走低且滚动距离较远。这意味着你需要选择小号的球杆。而对于上坡球而言，球路容易左偏，球会高高飞起。这种上坡角会中和球距，所以你可以预期到球会飞得高但落得近。

侧坡球位中，当球位高于双脚时，球杆的着地角度更扁平，会打出左旋球。坡度越大，着地角度越平，球便越向左偏。因此应该稍向右瞄准目标。当球位低于双脚时，情况则刚好相反。

下面我们来看看球道区和长草区的草类对你击球的影响。

球道上的球

要提醒自己观察球场上草种的类型（通常只需要在第一轮开始时辨认一次），并在脑海中默念一下这种草的习性特点。不要忽视了这样一个事实，很多球道会有两种或多种类型的草。比如离我家不远的加利福尼亚州伍德赛德的门洛乡村高尔夫球俱乐部[1]，那里不少球道区都种植了三四种草。因此需要做好准备以

---

[1] Menlo Country Club

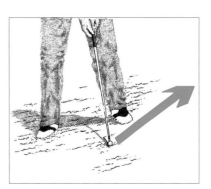 

当球位高于双脚时，容易产生左旋球。
当球位低于双脚时，容易产生右旋球。
上坡球会飞得高、落的近。
下坡球会飞得低、落得远。

便更好地应对此种情况下的种种挑战。

以下是几点球道击球的基本注意事项。当球停靠在球道内时，由于喜凉型草坪接触土层面积较大，对杆头阻力也较大，所以球会紧贴着地面并且不会做长距离的滑行。这就是通常所说的"硬"（tight）位或"薄"（thin）位。相反，喜好温暖型气候的草坪，其击球特点是：球道上停球质量高，对杆头的阻力较小，所以便于打出高远球。

少数情况下，设计者会在球道上设计一些洞坑来增添趣味性和挑战性。夏威夷毛伊岛马凯那胜地山海滨高尔夫球场上621码5个标准杆的17号洞便是一个很好的例子。你会发现在它的进场区域有许多的草皮打痕。其实，球落入这其中并没有看上去那么糟糕。一般意义上，从草皮痕内击出的球会比较低且比较近。由于缺乏草皮摩擦，这种球更容易滚动。要想将球打到极致，记住一定要采用陡直的下杆触球路线。

长草区球

与球道区不同，设计者将长草区定义为另外两种使用方式。第一，在开阔地区场地上自然标志物较少，设计师通常会用长草区来明确球洞的位置，并作为自然屏障来防止失误击球过于离谱。无论是球道区旁高大的自然草还是美国公开赛上被修剪到只有4~5英寸[1]的"中等"草，都令人恐惧。公开赛组委会和草坪总监将长草区设置得如此苛刻却不降低其他障碍难度，确实让球手十分头疼。幸运的是，这样的长草区区域有限。毋庸置疑，长草最容易造成球手发球失误。因此，应多向卡尔文·皮特学习，将

---

[1] 英寸，英美制长度单位，1英寸等于1英尺的1/12。

面对角度较小的球位，尽量将球路压
低，选择较大号的球杆。

日本春田高尔夫球俱乐部[1] 5个标准杆的5号球洞的缓冲区经常能帮球手摆脱厄运。

球尽量打进球道区。

第二，设计者也将长草区用作保护性的缓冲区或者一种保护设施。长草区足够高也足够厚，这样的长草可以减少球手的麻烦。举例来说，设计师有时会在湖水、溪流或者沙坑附近设置长草以提示和保护球手。

日本名古屋春田高尔夫球俱乐部545码5个标准杆的5号球洞，球道区右侧有个大湖，完全阻碍了右侧球道。湖边上，有一圈大约5~7码高的长草。这片长草主要用于为球手的失误击球减速，这样球手将球打进水里的概率就会大大降低。

有时，设计者会以完全出乎球手预料的方式来设计长草区。比如，我们会选择不同的草种配置长草区和球道区。草色细微的变化为球手指明了球洞区域，并让球手的洞察力有所提升。当然，如果

---

[1] Springfield Golf Club

在同一个球洞遇到了两种不同特质的草，则需要额外注意。

在溪涧乡村俱乐部，草种的选择在球场建设中起到了至关重要的作用。最初面对一片缺少其他自然景物的场地时，我就知道视觉对比将成为球场设计和球洞安排的主旋律。因此，我们就用不同颜色和纹理的草种搭建了球道区和长草区。我们用常绿草和黑麦草混合为球道区，并用一种独特的黑麦草和高大的牛毛草设置了长草区。对比非常醒目。这种"视觉路标"给善于观察的球手指明了击球方向。

了解长草区的切割方式，对将球打出长草区有很大帮助。有一个窍门是从刈草机留下的痕迹对其进行了解。在大多数球场，发球区和果岭间的长草区一般采用直线切割方式。球位下草的走向一般来说取决于场地保养人员使用刈草机的起始位置，它对球的运动距离有很大影响。举例来说，如果切割方向是从果岭到发球区的，那么球位下的草将与你的站位相悖。相反，如果是从发球区到果岭，那么球位下的草的阻力就小很多。

另外，要为"飞行球"（flier，又称奔跑球）位做好准备。飞行球位是什么？简单来说，就是你的球和杆面在接触过程中夹有少量的草，这种情况会产生两种结果：（1）杆头会被杂物粘住，造成球杆的仰角不足，球的运行距离增加；（2）杆头凹面给球的回旋力减小，对球的距离控制难以把握。结果就是出球高度较低、球的旋转更快、落地后滚得更远。当然，击球时杆头接触到水也会有飞行球位的出现。雨水、晨露、灌溉造成的草皮湿润同样值得注意。

面对飞行球位，需要让杆面的仰角大一点，这也就意味着你要选择用更短一点的球杆来击球，以缓解球运行距离较远的问

飞行球位，就是球和杆面在接触过程中夹有少量的草的情况，这会增加球的运行距离，让球手更加难控制。

题。解决这种问题最好的办法，就是将杆面打开一点，这样长草对球杆的影响也会减小。挥杆时，要尽量以陡一点的角度切击球，同时要考虑球的额外运行距离。

　　如果在杆面和球之间夹有大量的草，那情况又会有所不同——球的运行距离较之正常情况下会更短，这一点与飞行球位产生的效果正好相反。草量的多少与球的飞行距离有很大关系。如果草的高度在4~6英寸左右，那么阻力就会很大。这种情况下，挥杆时仰角要高，而且不能对球的飞行距离有过多的奢望。能让球回到球道区才是最重要的。

脱离球道区的挑战

　　有一次，我在加利福尼亚州沙漠温泉城的沙漠沙丘球场[1]打球，站在球道区边，我听到球洞附近传来同事的声音，但却很难看见他，球洞周边的灌木丛、山艾树和其他植被完全遮蔽了我的视线。他当时打了一个侧向擦边球，然后我说道，"赶紧走吧，球没了。"一段时间的沉默后，他回答道，"不只是球没了，我也找不到出去的路了。"

　　就像上面介绍的一样，长草区有时会呈现出不同的面貌，不只是不同种类的草坪和树木，还可能是沙地中的自然风貌，或者是山地的岩石层。当我们设计沙地沙丘球场时，客户希望将开发成本以及对环境的破坏程度降到最小。我们的方法是仅就草场进行重新规划，并将多余的草移植到了沙地周围。最终呈现出来的是，一系列的球道区由沙地来加以区隔。这里的设计最强调的就是球手的精确性，因为球道区以外无法打球，除非你愿意让荆棘刺破你的裤腿。

球道区击球的几点注意事项

　　以下是球道区或长草区击球入洞时所需牢记的几个要点。首先，识别进攻下一目标区域所面临的种种挑战；主障碍和次障碍分别是什么；球会落在哪里。其次，检查球杆球位和影响你击球的其他因素；球位是否干净，还是黏有杂草？场地是什么类型的草？坡向如何？

右页：
加利福尼亚州沙漠温泉城沙漠沙丘
球场3个标准杆5号洞的长草区，
难度极高，荆棘密布。

---

[1] Desert Dunes Course in Desert Hot Springs

98

第三，制订出完成击球入洞的策略。关注你的下一杆球，不管它是要攻上果岭还是为你接下来的挥杆做铺垫。第四，选择一个具体目标，可以是球道的某个区域、果岭的某个部分，或者是洞口的标志旗。这么做的目的在于你可以在脑海中勾勒出一幅挥杆的形象。最后，在每次击球之间时刻观察前方的情况，包括地势的起伏、果岭的坡度，以及旗杆的位置。

针对球道区的建议

预先观察一下球洞。所有优秀的高尔夫选手在击球前都会抓住时机观测前方的球洞。通常，你会觉得自己已经占据了击球入洞的有利位置，但实际操作起来却并非如此。这正是设计师在构建球场时所赋予场地的一大特点。也许，理解了设计师的这份匠心独运会有助于你更好地设计出进攻的策略。

当多次挥杆不见成效时，请记住高尔夫球运动中最重要的一杆永远是下一杆，不要对自己丧失信心。我认为这种情况多发生于球道区，因为比起发球台和果岭，我们更容易在此失手。当一杆失利时，尽力规划好后面的挥杆，重新调整好自己击球入洞的战术。

尽管球道区位置优越，但它并非是将球攻上果岭的唯一路径，认清这一点非常重要。最初那两个牧羊人比赛时，其中一人做出自然反应选择了沿着草坪击球，而另一人则发现沿着沙丘更加直截了当，只是难度高些。那个时候，他们没有当下球手所拥有的完美球位，也无法避开球场上生长的高大草木。他们的首要目标仅仅是将球推近球洞，认为不管在哪种球位上挥杆，都能成功实现击球入洞。

作为一名球手，你需要观察球场的每一个区域，这样才有机会以最少的杆数完成所有的球洞。的确，球道通常是你达到终极目标的优先之选，但除此之外，球场内还有其他许多布满长草、树木和障碍的区域。如果你了解在那上面击球的要点，那么它们会为你开辟出一条击球入洞的有效路径。

1991年奥古斯塔名人赛（Augusta Masters）最后一轮所发生的一幕便是个典型的例子。当时只剩下18号最后一个球洞，那是一个420码4个标准杆的上坡狗腿洞，威尔士的伊恩·伍思南（Ian Woosnam）最终以一杆优势胜出。伍思南深知一杆足以决定自己能否取得最终的胜利，他以擅长的长击球冒着死球的危险用一号木杆奋力一击，球越过球道左侧的沙坑，落到了边上的低洼草坪上（那是以前的一片训练场地）。然后伍思南以一记近距离切球将球送上果岭，再以两次轻推将其送入球洞，成功保住了标准杆。

下面我们再来正视另一个事实：我们无法将每个球都击落在球道上，即便是球道率极高的卡尔文·皮特也有过几次失手。关键在于当发现球偏离球道落入长草区、沙坑抑或是落地球位不好时，你能懂得如何对其进行补救。沙坑会让多数球手倍感紧张，但是高手们通常会认为这是天赐良机。至于这其中的原因，我将在下一章中做出具体的阐释。

沙坑区

4

被称为"教堂长凳"（Church Pews）
沙坑的是宾夕法尼亚州奥克芒乡村俱乐
部[1] 4个标准杆的3号球洞沙坑。这个沙
坑如同诅咒一般，让深陷其中的球手无
法自拔。

前页：
希斯顿山5个标准杆的12号球洞，其狗
腿区域内的沙坑设计是一大特色。

---

[1] Oakmont Country Club

作为球场上一种改变球手击球角度、保护果岭的不可或缺的地形，沙坑成为设计者必备的一种防御工具。

在圣·安德鲁斯老球场，有一个世界著名的沙坑，我们称之为"路洞"沙坑（Road Hole bunker）。这个沙坑年代悠久，历经无数次击球、无数轮比赛，甚至是很多选手倾尽一生的挑战。在1978年英国公开赛上，日本的中岛常幸（Tommy Nakajima）向第一名的位置发起冲击。他企图将球打入沙坑右后的球洞，但却意外地将球推进了这个如地穴般的沙坑区。最终中岛用了9杆才将球打进，直接丧失了争夺冠军的机会。

在大洋彼岸宾夕法尼亚州的奥克芒球场，有个"教堂长凳"沙坑，这个讽刺的绰号送给这个世界上最"邪恶"的沙坑再合适不过。站在第三发球区落球区的左侧，你将直面这个宽达2英尺的沙坑区，幽深、开阔、暗流涌动。

"路洞"沙坑和"教堂长凳"沙坑都是高尔夫球手的梦魇。普通球手在当地球场面对沙坑时，多数情况下都会心生恐惧，而世界巡回赛球手加里·普莱耶（Gary Player）认为，"惧沙情绪"是多数球手的通病。

世界上最好的沙坑球手之一的普莱耶，也认为业余选手几乎都有些惧怕在沙地上击球。大多数高尔夫球手承认沙坑代表了某种不确定性和灾难，会让他们的状态失去平衡，干扰他们的正常发挥。

实际上，沙坑并不像大多数球手担忧的那样可怕。有些情况下，沙坑甚至对你的击球会有所臂助；然而，确实有些沙坑很危

圣·安德鲁斯球场的"路洞"沙坑形似壶状，是推球区的一大屏障。

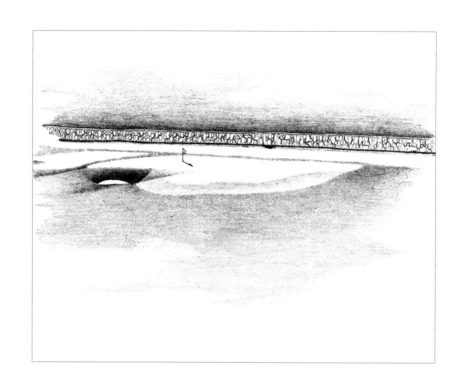

险，无论你水平高低都要尽量避免。你需要以端正的态度就不同沙坑的特点和功能进行逐个分析。这一点，我在后文会加以表述。

说到这些情况，我得说一个浅显的道理，即如果你能像专业球手那样处理沙坑——这并非不可能——那么在你面对相对简单的沙坑时就不会退缩。如果选择击球区域，大多数专业球手更愿意处理沙坑而不是长草，因为这个地形对他们来说更容易控制，杆数也会比较稳定。对他们来说，这其中最困难的部分莫过于耙沙子了。

在沙坑区击球是有很多技巧要学的，需要进行大量的练习才能掌握。但是想想看，如果你站在沙坑面前，能与站在球道区绝佳球位上击球有同样的自信，那么比赛就大不相同了。掌握了这些知识、技巧并在心理上有所提升，那么你会对自己成绩的迅速改观而感到震惊的。

由于早期球场的沙子多为当地的沙土，设计者只能因地制宜，以自己的方式将不同的沙土进行混合。沙土的用途多种多样：从美学的角度看，其可与绿色的草地形成鲜明对比；可以作为球洞间的缓冲区；还可以作为球手击球的挑战。当然沙坑是球场上最常见的障碍。

最初，沙坑只是场地上的自然地形，通常是绵羊为了躲避风沙而刨出来的坑洞。早期的设计者一般会配合沙坑位置设计相应的发球区和球道区。直到高尔夫运动传到英格兰，沙坑才成为了球场设计的一部分，其作用也是对那些失误球做出惩罚。这种心理驱使造成当时的球场设计大概要涵盖150~200个沙坑，这样做也是为了给球手增加难度。

经济大萧条的到来使这种设计终于告一段落，因为当时的球场完全无法负担如此多的沙坑。当时我的父亲、鲍比·琼斯（Bobby Jones）和阿利斯特·麦肯兹（Alister Mackenzie）都认为沙坑的设计应该避开初学者，而针对中级和高级球手各自的开球区进行设置。换句话说，沙坑设置应就不同水平的球员（发球台）而有所差异。

沙坑设置的关键不在于它的数量而在于它的位置。当然也不完全是它的高度和难度。通常情况下，一个落球区位置或是击球区位置的沙坑对大多数球手都会构成挑战，打乱他们的节奏，而有时也能帮助球手找到最佳的进攻策略。

从数据上讲，一般的球场大概有80~100个沙坑。当然有些伟大的球场会有所不同。奥古斯塔国家高尔夫球俱乐部最初只有26个沙坑，现在有40个。松树谷球场设置的是一片区域较长的沙荒地（虽然技术角度上说并不是沙坑，但其功能特点基本与沙坑相同，难度也相差不多）。奥克芒球场有187个沙坑，与一些英国的球场十分接近。奥克兰山乡村俱乐部[1]有118个；巴特斯罗高尔夫球俱乐部[2]有115个；梅里恩高尔夫球俱乐部有113个；翼脚高尔夫球俱乐部有76个；而梅迪纳乡村俱乐部仅有55个。

旧金山的奥林匹克俱乐部[3]是1955年、1966年和1987年的美国公开赛赛场，那里只有一个球道区沙坑，就是437码4个标准杆的6号球洞球道区沙坑。原因很简单：这个狭长、树木成排的球场，经常因为雾气和降水而湿度很大，如果没有沙坑的存在，难度反而更大。而且，沙坑在6号球洞的左侧，这个沙坑可以说挽救了不少击球失误的球手，因为在球道区击球失误，如果没有沙坑，球会直接落在左侧下方的松树丛中。

在我自己的球场，我没详细算过，但是球场中的沙坑同样有不同的作用，而且与其他障碍设置相互平衡。

我简单阐释一下设计者是怎样设计和建造沙坑的。在完成路线图之后，我们会画下沙坑的最初位置。球道区清理出来，运土工程完成后，我们会用掘土机粗略做出沙坑位置，来查看最初设计与球洞是否协调。接着我们会对其与球道区之间的距离进行调整，这其中球道区的流畅程度和风力都是考量因素。在有些情况下，这个过程会明显地指示你沙坑位置没有预想的好，我们不得不调整沙坑位置。基于以上原因，我们会调整沙坑以适应球洞的位置。

当我们感觉位置合适了，就该调整形状了。有时我们会将白色表格纸放在沙坑上以测试其视觉感受；我们也会站在卡车或者

---

[1] Oakland Hills Country Club
[2] Baltusrol Golf Club
[3] Olympic Club

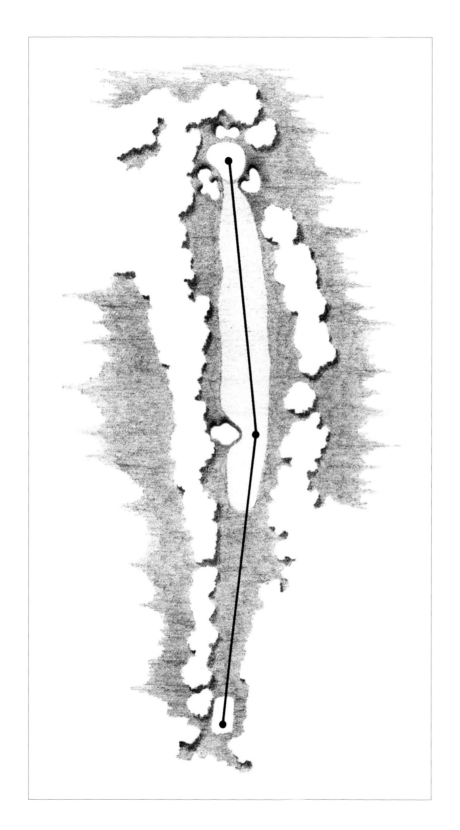

加利福尼亚州旧金山奥林匹克俱乐部是三届美国公开赛的场地。这里每个球洞附近几乎都有很多树，而整个球道区却只有一个沙坑。

澳大利亚舒克海角国家球场[1] 9号球洞的草图表现了小罗伯特·特伦特·琼斯的沙坑理念。

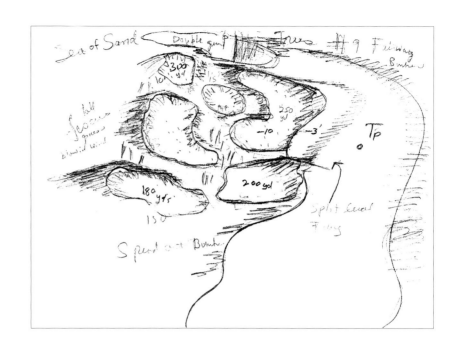

掘土机上感觉沙坑的距离。我们还会将球打进沙坑来测试它对不同球的影响。如果对此表示满意，我们会在沙坑周围种上草。当然，如果必要也会直接铺草皮，最后再次确定形状并填上足量的沙土。

　　现在，我们将沙坑进行分类，看看哪些沙坑是我们偏好的"友好型"沙坑，而哪些是需要我们极力避免的"惩罚型"沙坑。在这段分析中，我们既会将沙坑看成独立的单个种类，也会将其看成整个"沙坑系统"的组成部分。

沙坑种类

　　以下八种不同的沙坑及其特性是按字母顺序排列的。有时一

右页：
惠斯勒城堡球场的4个标准杆7号球洞的开球落球区沙坑并不像看起来那么困难。大多数情况下，这种沙坑都出现在狗腿洞的内侧。

[1] The National in Cape Schanck

收集型沙坑往往是那种深而危险的沙坑，想从中脱出可说是难上加难，所以尽量避免还是上上之选。

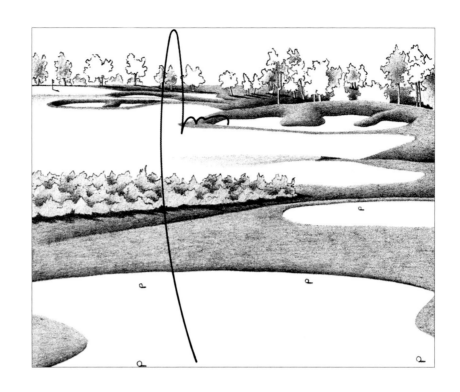

种沙坑会有两到三个名字，当然不包括那些少见的叫法。

开球落球区沙坑（Carry Bunker）：这种沙坑比较平矮，部分处在球道区当中，球手很容易处理。表面看来开球落球区沙坑很吓人，但这种沙坑距落球区较近，很容易通过。即使你将球打入这种沙坑，平坦的表面和良好的球位也会让你非常容易脱身。你一旦决定面对这种沙坑，就要做好心理准备。

收集型沙坑（Collecting Bunker）：也被称作"浴缸"（bathtub）或者"聚集型"（gathering）沙坑，这种沙坑的特质与周围的环境有很大关系——落在周围的球会滚入沙坑当中。收集型沙坑非常深，这种"请君入瓮"型沙坑基本与军事型沙坑类似——深而大，夸张点说这种沙坑足以留住一队士兵。这种沙坑普遍前端较高，如果打进沙坑你只能用后退或从侧面进攻的方式脱身。这种沙坑常见于那些历史更悠久的球场，美国当地

只有为数不多的几个，比如加利福尼亚州卵石滩柏树岬俱乐部[1]
477码5个标准杆的10号球洞沙坑，以及佛罗里达州劳德代尔堡
希斯顿山乡村俱乐部412码4个标准杆的10号球洞沙坑。

收集型沙坑比较危险，所以能避而远之实在是明智的选择。
再者，你要确定好自己面对的是什么类型的沙坑才好对症下药。
如果你判断失误，那么就意味着悲剧的开始。如果你发现自己的
球在收集型沙坑中，用最简单的击球将球打出是不二之选，然后
方可再考虑将球打进洞。

定义型沙坑（Definition Bunker）：这种沙坑通常是设计
师设置在目标区域（如发球后的落球、5个标准杆第二杆的落球
区，或果岭上）最重要的障碍。定义型沙坑给球手造成的困难
多种多样。从一个轮廓分明的深坑中摆脱出来比从浅坑中要难得
多，而沙坑本身的难度与沙坑长度、击球方式的选择、球道区的
位置都有很大关系。定义型沙坑是球场上最常见的沙坑。

定义型沙坑能帮助你确定轻击球到果岭的距离，特别是击打
高架球时。在这种情况下，球手会感觉沙坑比平时深一些。最有效
的方法是以旗杆为参照物参考它的可视范围。如果你能看到大部分
旗杆，那么你就离球洞很近了。如果你不能看到大部分旗杆，那么
一定距离球洞较远，这时就需要调整动作来增加击球距离。

爱达荷州太阳山谷球场[2] 110码3个标准杆的5号球洞是个典
型的例子。果岭前后的沙坑不仅给球手一种幽深的感觉，更与球
洞融为一体，这就需要球手将距离掌握好。在丹尼·汤普森纪念

---

[1] Cypress Point Club
[2] Sun Valley Golf Club

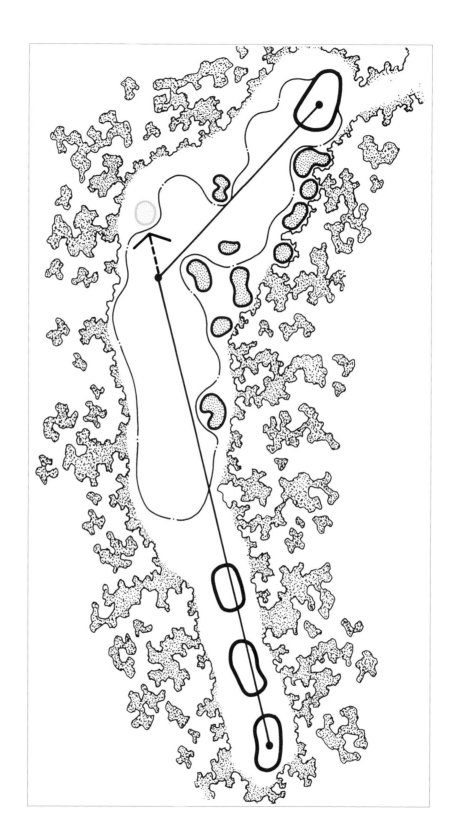

西班牙湾4个标准杆的6号球洞有
个标靶型沙坑，作为发球区位置
的标靶再合适不过了。

日高尔夫球赛（Danny Thompson Memorial Tournament）期间举行的一年一度的慈善赛上，我发现了这种沙坑的作用，在同伟大的棒球手费农·罗（Vernon Law）的比赛上，我瞄准前端沙坑完成了一杆进洞（a hole in one）。

参照型（Directional）或标靶型沙坑（Target Bunker）：很多设计精良的球洞都用沙坑当做球道指引。有时我也会设计一些毫无意义的球道区沙坑——与其他地形毫不相关，仅仅是为了让球手把球打得更远，也就是为了瞄准。这种沙坑常见于狗腿洞，也是为了让球手感受那种球飞翔的感觉。

以西班牙湾395码4个标准杆的6号球洞为例。洞左侧的标靶沙坑根本没有增长球运动距离的作用（除非在有风的情况下）。在之后的394码4个标准杆的9号球洞，从发球区到果岭间的左侧沙坑非常重要，因为它为球手指明了球洞和发球方向。

正面型沙坑（Face Bunker）：这种沙坑通常是面向球手，是果岭区必不可少的一部分。战略上讲，这是一种欺骗战术，目的是为了让球手难以掌握果岭的真实距离。沙坑的欺骗质量与沙坑面的倾角有关。斜坡越陡峭，沙坑难度也越大。一个斜面型沙坑会给球手带来很大麻烦，有时甚至击球都很困难。

壶型沙坑（Pot Bunker）：这种小型、壶状沙坑，内侧陡峭。这种沙坑很难摆脱，因为你不仅要打出高空球，而且在这种陡峭的位置完成击球更为困难。在老式林克斯球场这种沙坑很常见。而在很多现代的美国球场出现得频繁，设计者对现代的壶型沙坑的尺寸、深度进行了改良。世界上最著名的壶型沙坑是松树谷10号果岭前的那个沙坑。这个沙坑陡峭深邃，企图从这里摆脱需要多次挥杆、击打难以完成的球位，甚至要使用五号铁杆（mashie）。

拯救型沙坑（Saving Bunker）：设计师可能已经为你的厄运做好了打算，这个沙坑就是来拯救你的，比如加利福尼亚州米申维耶霍乡村俱乐部[1] 520码5个标准杆的14号球洞沙坑。我和父亲的构想就是用它拯救那些下坡球打不好的球手。不论你信与不信，设计者利用沙坑也不仅仅是为了"虐待"球手——我们有时也是真想帮你。

一般情况下，拯救型沙坑会设置在一个陡坡、水域旁边，或者界外，或者危险较大的果岭背面。举例来说，加利福尼亚州太浩湖斯阔溪胜地242码3个标准杆的3号球洞，推球区左侧有个沙坑，其目的就在于防止球滚下山坡进入松林或是出界。看看临近的危险区域，你就会发现这是设计者在告诉你，"离那里远点，那儿很危险。"而这时你也会发现有时沙子是很友好的——你应该在此基础上做出恰当的选择。

同样地，如果果岭附近的斜坡很陡峭，果岭的前端或者四周也会设置沙坑，这也是为了防止失误球滚下山坡。比如华盛顿附近兰斯顿高尔夫球俱乐部[2] 18号果岭，其果岭右侧的拯救型沙坑就是为了防止球手将球打进山谷。在这样的球洞，如果你的沙地技术娴熟而沙坑又建设在松林附近，那么你的进攻就会变得更加激进，直指果岭区，因为从一个上山坡沙坑球位救球并不十分困难。再次强调，如果你能了解设计者的意图，那么你就能将现场的形势为你所用。

荒地型沙坑（Waste Bunker）：这种沙坑距离较长，较为平坦，阻力较小，往往植被环绕。荒地型沙坑一般长度都在50码以

---

[1] Mission Viejo Country Club
[2] Lansdowne Golf Resort

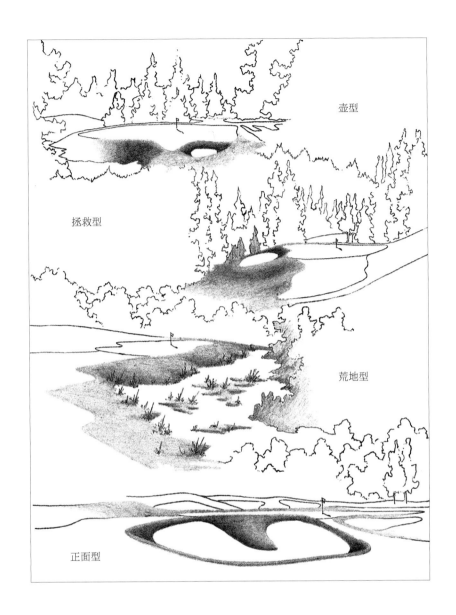

壶型

拯救型

荒地型

正面型

壶型、拯救型、荒地型、正面型沙坑
的处理方法不同，理解这一点对做出
正确的击球选择非常重要。

上，可以屏蔽大部分的球道区。有时，这种沙坑中间会有小型的岛状结构或者半岛，这种地形的球位普遍不太正常。在大多数情况下，沙子比较结实，如果位置相对理想，逃脱并不困难。如果你真的陷入荒地型沙坑也不用太慌张。关键在于尽力将球利落地打出沙地，之后改用近距离切球的方式，尽量不要采用爆炸击球（explosion shot）。荒地型沙坑既有可能给你带来麻烦，也有可能挽救你的比赛。

球手更多的是对设计者"荒地区域"的概念，而不是沙坑本身有所疑惑。这种区域包含了沙土、当地草场、天然植被，有时还有其他植物。荒地区域一般不是指障碍，但是这种区域却能起到很好的防守作用。这种功能可能从球道区开始，一直延续到球洞。因为维护较少，这种早期林克斯球场的沙坑球位都比较困难。也因为这种不确定性，从这种环境中逃脱给球手增加了很大难度，所以要格外小心。在这种场地，还是要记住那句老话——"有问题，及时解决。"

柯尔特（H. S. Colt）和克拉珀（George Crump）的杰作松树谷场地上就有很多荒地型沙坑。1991年瑞得杯比赛（Ryder Cup Matches）是在皮特·戴伊设计的南卡罗来纳州基亚瓦岛高尔夫球胜地[1]举行的，这块场地也有很多这样的荒地区域。我父亲设计的望远镜山高尔夫球场前五个洞也有同样的沙地区域；当然还有温莎俱乐部黄褐色的荒地区域。

越来越多的设计者将浅草沟和空洞设计在球场中。这种结构并不易察觉，有时还会造成尴尬的站位或球位。草地坑和浅草沟或许看上去没有沙坑那么可怕，但其危险更大，特别是对那些专

---

[1] Kiawah Island Resort

业选手，因为这种地形往往草都能长到长草的高度，对球的阻碍很大。然而，不要以为球洞附近没有沙坑就万事大吉。特别要注意这些潜在的危险。

沙坑设置

最早的沙坑是被用来当做"墙"来阻碍球手将球打上果岭的。随着时间的推移，它逐渐变成了一种"障碍"，通常用来捕获那些发挥失常或者是失误的球。这种障碍的设置主要取决于三个因素：球手的球打得越来越远；设计者想通过场地考验专业选手、中级选手和初学者的不同水平；当地现有或设计产生的沙坑给球手带来的经验越来越多。

分析球场的沙坑设置，你会发现不同风格的设计者为球手准备了不同的考验。这种分析所产生的战略构想会让你整场比赛都受用。西班牙湾就是个不错的例子，我们在那里建筑了苏格兰风格的林克斯球场。十个球洞中只有果岭位置有个沙坑，而且这个沙坑的设置与现代果岭的防守理论相悖，现代理论中往往是一系列等待选手飞跃的沙坑。在西班牙湾，果岭相对障碍较少，所以选手也没必要在推杆区打高空球。我们给球手的上坡球留出了很大空间，但是在坡上也会有空洞和其他挑战的存在，所以也鼓励球手以适当的角度打出弹跳球直取球洞。

西班牙湾球场在球道区和球道区的落球区附近设置了各种沙坑。也就是说，西班牙湾有4个洞设置了中心沙坑，而有7个洞则是一群的沙坑，其中超过半数的球洞设置了框架型沙坑（framing bunkers）。而且，这种看起来一马平川的球场内里却是暗藏各种杀机和挑战，其中不同种类和形式的沙坑就是最大的威胁。

沙坑模式

下面，我将介绍六种常见的沙坑模式。虽然这跟上面讲过的沙坑种类有些关系，但你还是要重新规划战略，将他们当作障碍看待。

中心沙坑模式（Central Bunkering）：中心沙坑将球道区分为两部分，在面对落球区时你会有两种以上不同的选择。这种模式对所有落球区都适用，但是在发球区的落球区和5个标准杆第二杆的落球区比较常见。沙坑细长或者成壶型，球道区正好在沙坑的两侧位置。温莎俱乐部377码4个标准杆的18号洞的中心沙坑在发球区之后。如果你遇到这样的情况，选择一条合适的路线十分关键，优柔寡断只能让你深陷沙坑。

群沙坑模式（Cluster Bunkering）：这种模式在于将3个或3个以上的沙坑设置在一起，与不同种类的球洞形成概念上或视觉上的反差。这种沙坑往往为球手指明了方向，绕开该区域，从而找到更适合的路线。

在夏威夷考艾岛普伊普海湾高尔夫胜地524码5个标准杆的2号球洞，你会发现与球道区平行的果岭右前侧有条90码长的线状群沙坑。这一沙坑模式直接告诉了球手，右侧路线并不是冲上果岭的捷径。

另一个极富挑战的群沙坑建设在大学岭球场533码5个标准杆的16号球洞，这些沙坑至少需要两个长打（long hitter）。这一设计的目的是让选手直接将球打过开阔地，落在第二落球区的飞镖型果岭上。这些推球区前的群沙坑让你不得不两杆将球打上果岭右侧或是通过球道区左侧将球打进洞。如果陷入这种沙坑，

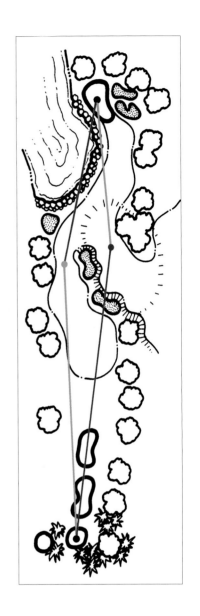

在温莎球场4个标准杆的18号球洞，球道区的中心沙坑模式让落球区内的球手对发球做出了不同选择。

121

普伊普海湾高尔夫球胜地5个标准杆
2号洞的群沙坑，无疑给球手提出了
警示。

伟吉伍德高尔夫球乡村俱乐部4个标准
杆的13号球洞有一组角度很刁的十字交
叉型沙坑，这给选手对距离和角度的选
择提出了很高的要求。

与沙坑不同，温莎球场13号球洞的沙地荒地区域中长有天然草和其他植被，而这种地形往往在高尔夫球场地中不被认作是防守障碍。

不但会丢分，而且会让你大为光火。

　　十字交叉模式（Cross Pattern）：发球区前的沙坑群将球道区十字分割。在我的设计中，这些沙坑往往层次分明，形成距离与方向的对立。你将球打得距离越远，就越安全。本章中描述的伟吉伍德高尔夫球乡村俱乐部415码4个标准杆的13号球洞就是个很好的样例。其中的三个以斜线排列的沙坑群要求球手必须既考虑到方向，也考虑到距离，因为只要球落到其中一个沙坑，后续的救球就会很麻烦。

　　有时，一个十字交叉模式的沙坑可能与球道区会有个角度极小的交叉。这种情况在曾举行过美国公开赛的巴特斯罗高尔夫球俱乐部的623码5个标准杆的17号球洞体现得非常明显。在这块场地，距离代替角度成为重点因素，所以需要选择适当的球杆完成击球才能通过障碍。

框架模式（Framing Pattern）或托架模式（Bracket Pattern）：
在球道区或果岭异侧安排的一对或一系列沙坑。框架沙坑占据了
落球区和进入果岭的部分位置，这种沙坑的作用是让球手将球
打在沙坑之间或者直接越过沙坑。它们同样要求你发球准确，
角度得当。过去的框架沙坑普遍是在发球区200码外的位置，而
现在这类沙坑在职业选手击球区（发球区240~270码以外）的
位置，其作用同样是惩罚那些失误球。有时，一个4杆或5杆的
长洞，通常有两个框架模式沙坑，目的也是为了考验球手的长
打和短打。

我父亲喜欢有框架沙坑的"框架果岭"（frame greens）。
这种沙坑可以帮助确定果岭位置，并能帮助球手明确推球路线。
更重要的是，框架沙坑更靠近果岭，这给击球入洞造成了很大难
度。一般情况下，设置在果岭中央位置附近的球洞并不难打，而
设置在果岭边缘的球洞难度就要大得多。这个因素的存在让比赛
官员与监督可以根据不同级别的比赛来调整球场的难度设置，给
了球场更多的可塑性。

这种沙坑的设计在我父亲设计的俄亥俄州亚克朗市的火石乡
村俱乐部[1]有很好的体现。这里的沙坑堪称世界级，足以挑战那
些世界最高级别的选手。当然如果球洞设置较为简单，这里也适
合一般会员。只要细心评估球洞位置和沙坑位置，你就能确定合
适的击球角度和正确的路线了。

错列模式（Staggered Pattern）：是框架模式的一种变体，
麦肯兹和帝林哈斯特（Albert Warren Tillinghast）曾经使用
过此种设计。他们将沙坑按远近距离不同建设在球道区异侧，

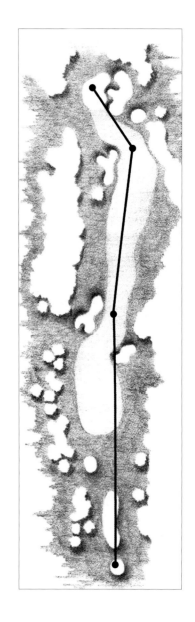

帕普山5个标准杆的4号球洞盘根
错列的沙坑模式对球手各方面的
能力是个考验。

---

[1] Firestone Country Club

125

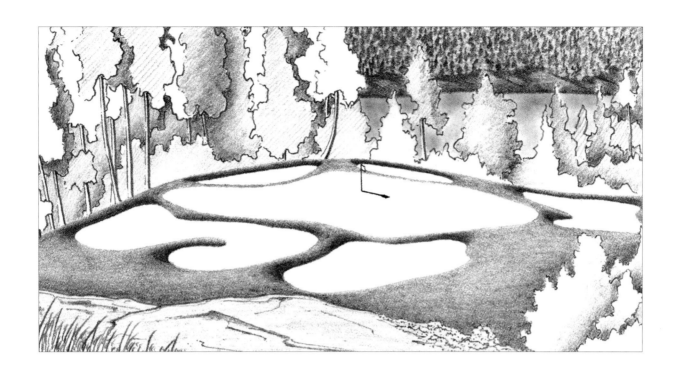

惠斯勒城堡高尔夫球俱乐部3个标准杆的10号球洞四周都是沙坑，所以高空球是必然选择。

而非像框架型成双成对地出现。这让球手不得不仔细考虑哪些沙坑对击球影响更大。这与现代发球区针对不同长度水平发球的设计如出一辙。错列沙坑模式是为了让球手除距离之外对击球做出更全面的考虑。帕普山560码5个标准杆的4号球洞是个典型的例子，我们会在后文有所描述。

在真正实施时，这一设计理念通常能把一个简单的球道区变为一个蛇形球道区，而且球手不得不重新估量整个球场，并在落球区步步为营。你当然期望这种模式只出现在落球区就够了，但是它往往还会出现在球洞附近。

密苏里州斯普林菲尔德高山泉乡村俱乐部450码4个标准杆的17号球洞是一个难度很高的洞，其沙坑模式和球道区走势都告诉你要尽力将球打到左边去。球道区右边有两个可以通过的沙坑，而左侧下方的那个沙坑最好不要碰。如果你做好功课，就会发现左侧是最理想的击球区域，甚至不用长打就能完成任务。

环绕模式（Surrounding Pattern）：这种沙坑只出现在那种已经在周边设置好障碍的果岭表面。选手面对这种果岭只能通过发球和推杆两种方式完成比赛。环绕沙坑让球手很无奈，要么一击成功，要么一落深渊。这种模式运用并不是很广泛，但是有两个很好的典型案例，包括卵石滩球场的103码的7号球洞和惠斯勒城堡131码的10号洞。

你应该了解的沙土特性

分享沙坑击球的经验总是个不错的选择。球场上的沙坑可能是自然形成的，也可能是设计者有意为之。一般来说，设计者手头的材料很多，所以你见到的沙坑也会有所不同。当然，"外来"的沙土是个例外，而这也是存在的。

沙坑沙子的选择有许多原因：包括风力（在风大的地区我们选择较重不易被吹走的类型）、气候（在雨多的地区，我们选择渗水性强、干燥快的沙子）、斜坡（在斜坡上，我们会选择潮湿、紧密的沙土）。最后设计者也会考虑色彩搭配和美学。

认识沙土选择最好的办法，就是对三个不同赛场进行深入了解。尼维斯四季胜地球场有时会有特殊情况出现，那里偶尔会刮起十分猛烈的风，雨也会下个不停。在这种情况下，就需要排水性能较好、不易被风刮走的沙土，所以我们会选择一种比较重而粗糙的沙土。在地处法国北部的格勒诺布尔高尔夫球俱乐部[1]，

---

[1] Golf Club de Grenoble

我们选择了一种土质较软、细密的沙土，这样的沙土便于球手在面对波状果岭时打出高远球。第三个是拉斯维加斯西班牙小径高尔夫球俱乐部，我们将用于尼维斯和格勒诺布尔的两种沙土进行混合，再加上一些当地的沙土组成整个球场。

一般比赛中，了解沙土最好的方法就是脚踏实地地踩一踩。面对沙坑时，用脚去感受沙坑的深度和质地。这种沙子是虚还是实都要去尝试。你可以踩在沙子上，形成坚实的脚印。这种方法可以让你切实地了解沙土的阻力，以及怎样的击球才能让你从中脱身。

四种最常见的沙土类型是珊瑚沙、石灰岩、河道沙、硅土。对沙土进行细致的了解可以帮助你决定挥杆的力度。

珊瑚沙多出产于热带和岛屿地区。这种松软的大块颗粒像极了贝壳的材质。球很少会被埋在这种沙土当中。

石灰岩这种沙土多产于内陆，与珊瑚沙质地很像。这种沙土有些细如粉末，有些粗如石粒，种类较多。一般情况下，细而深的石灰岩更易将球埋在土中；奇怪的是，这种沙土中的球位往往不错，而且这种地形能打出幅度较大的回旋球（back spin）。

河道沙由许多母质层运积物构成。这些沙土往往以圆形厚实的颗粒为主。这种沙用途广泛，主要因为它以当地沙为主，持久耐用，排水性强。这种沙表现的特性与其材料、尺寸、各配料的比重等其他因素相关。它对球的阻力较大。

高纯度的硅土沙通常是白色的，与球场形成鲜明对比。这种沙土的颗粒以圆形为主，经常能让你获得"摊鸡蛋"球位，也就

面对"摊鸡蛋"球位，尽量争取
将球一次打出。

运用正确的挽救球技巧，将球从
干净的（沙土阻碍较少）球位中
打出。

右页：
在爱丁堡高尔夫球俱乐部举办的美
国女子职业高尔夫球公开赛诺斯盖
特精英赛（Northgate Classic）
上，高尔夫球手沙坑技术卓越，她
们每个人都是值得效仿的榜样。

是指球有一半埋在沙土中的情况。在这种沙地上，以爆炸击球将
球打出沙坑很难获得好的旋转。

我们应该牢记，干沙土和湿沙土的特性完全不同。干沙土比
较松弛，你可以轻易地将球杆置于球后的沙土中。一个进攻性的
击球，只带起最少量的沙土，整个挥杆动作一气呵成。相反，湿
沙土更加结实，球杆经常会打在地上并产生反弹，这会让球的飞
行路线相对较低。采用轻巧的挥杆方式，带起较少量的沙土，可
以很好地控制球速和球的稳定性。

除非你对海滩有特殊偏好，对大多数球手来说，沙坑令人恐
惧，让人望而生畏。但是，沙坑是设计者的开场白，他们就是
通过这些来定义球场并制订球场战略的。通常情况下，沙坑能
帮助你挽救失误球，让你学会怎样从中脱身。最后一点，如果
你了解了设计者的意图，大多数沙坑都是"友好的"象征。水域
和树木，从另一个角度讲，更加不友好。下一章我们将会做具体
介绍。

其他障碍

5

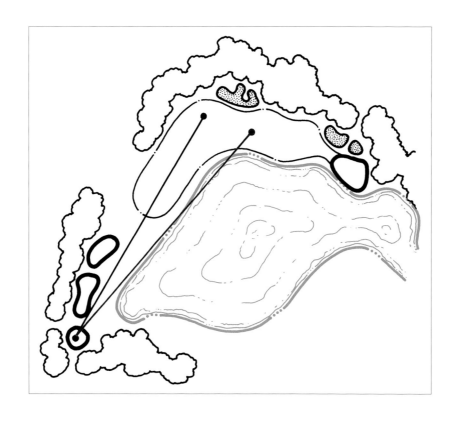

中国上海高尔夫球乡村俱乐部4个标
准杆的3号球洞有个大型水障碍，这
让球手不得不重新思考自己的选择。

前页：
香奈儿乡村俱乐部5个标准杆的12号球
洞左侧有个大型水障碍。

1981年，我接触过一个与众不同的场地，这个场地位于澳大利亚的佩斯。那时，他们很想了解自己的场地是否符合国际标准。当我们第一次走上这片场地，我就发现这片场地的可塑性很大，前景也很可观。之后君达乐乡村俱乐部就一点点地在我脑海中成型了。这个场地复合了三种不同的环境特征：第一，尽量保留原有场地的高大桉树和本土草地；第二，在沙石山丘上点缀本土沙丘植被；第三，余下的部分以当地石场坚硬的岩石类沙土为主。

其中一个废弃的采石场比其他更大更深，而其所有者已经开始向里填土了。 这立刻给我带来了很大震动——如果将这种裂缝巧妙地加入到球场中，一定会使球手终生难忘。我将这种想法告知了场主，他立即停止了填土行为。现在，这使人敬畏的地形已经成为君达乐149码3个标准杆3号球洞的一部分了。

为什么这个采石场的遗留障碍能让我如此兴奋？这与设计者如何使用障碍有很大联系。当你明白这些联系后，你处理这些情况的能力也会有相应提升。

"障碍"这个词总能让人联想起危险和恐惧。这是障碍给球手带来的一些最正常的情绪。相应地，这种情绪也会干扰球手的正常决策与技术发挥。只要了解了设计者怎样运用障碍，在大多数情况下，你就能减少这种地形给你造成的不良影响了。

如果你能感受到障碍的美妙，那么你可能就不会遇到那么多麻烦了。它仅仅是有可能遇到的麻烦而已。传奇球手鲍比·琼斯说过："障碍的难度多数取决于你自己的想法，而不是障碍本身。"

高尔夫球规则中真正意义上的障碍只有沙坑和水域。但是谈到这点，我心中的障碍往往都是那些你越想避免却越难以逃脱的地形。换句话说，这对于你的比赛来说就是一片禁区。然而，因为选手的击球方式、技巧各不相同，所以障碍对于每名球手的意义也不尽相同。以斜坡球位为例，或许对于某些球手来说是个障碍，但是对职业球手来说往往不算什么。最后一章你会看到，对于沙地高手，沙坑的难度就像博瑞·罗比特（Brer Rabbit）面对荆棘地一样小。

另一方面，除了很少的情况以外，有些障碍简直难以逃脱，当你的球落入障碍，你能做的就是接受现实，接受处罚。界外、湖水、缝隙、树林、海洋、河流都是典型的难以逃脱的障碍。但是你要注意的障碍还有很多，而且它们的存在往往富有戏剧性，这种障碍可能会对你的成绩产生更大的影响。举例来说，深深的长草或者惩罚性的沙坑可能会罚你更多的杆数，它们比湖水和池塘要严重得多。这些表面平静、内里波涛暗涌的障碍可能会让你更加难以应付，更为沮丧。无论如何，当站在君达乐3号发球区，面对眼前80英尺深的采石场时，所有的球手都会心生恐惧。实际上，如果球掉入这种峡谷就必然会无影无踪。我的设计所希望达到的效果，就是要让你此刻对自己球杆的选择和击球失误懊恼不已。

现在，至少有我做你的向导，在开球前你可以对这种障碍有更多的准备。虽然还是对球掉进夹缝的事游移不定（至少在潜意识中还有这样的想法），但你的精力应该集中在进攻上，而不是考虑球打进夹缝中时有没有挽救措施。这个障碍明显属于那些难以绕过的门类——你唯有将球打过夹缝，并战胜它。

别无选择，只能强行通过障碍。现在你要做的是确定自己需

右页：
君达乐9号采石场的3个标准杆的3号球洞，其纵深确实非常吓人，但是如果你处理得当，通过这个障碍并不难。

136

要完成一个什么水平的击球。从之前的图片中，你会发现这个球并不难打。这种情况更多的是意料之中而不是意料之外；也就是说，如果必须要越过障碍，那么球往往不会太难打，但是如果你对障碍的关注度不够，那就另当别论了。设计师阿利斯特·麦肯兹描述了许多他经历过的障碍的本质："在球场中，球洞的实际难度往往会比看起来简单一些，而球手顺利完成不可能完成的挑战才是高尔夫球的乐趣所在。"

在看穿设计者的把戏、了解了这个球的真实难度后，障碍的难度也就不值一提了。如果没有其他选择，那么这个球的实际难度也一定比表面上看起来要简单。

无论是自然障碍还是人工障碍，大多数都有选择的余地。与君达乐3号球洞夹缝毫无选择的情况完全不同，大多数障碍都会提供不同的击球选择。为了确定恰当的进攻方案，你需要了解每个障碍的物理特性和你个人的击球能力之间的关系。考虑好角度、落点、距离，你才能更好地选择最合适的球杆，以及最佳的击球路线。

首先，掌握每个障碍的实际尺寸，这对那些不规则的障碍尤为重要。然后，记下障碍的地势变化并了解其对球的落点产生的影响。举例来说，常言道"百川东到海，池塘汇溪流"，所以池塘的地势一定较低。

其次，你应该分析从障碍中逃脱的严峻程度。它是否是那种难以逃脱的障碍，例如湖泊或者界外？记住，设计者有可能会把困难的障碍设计得看似很简单，当然，也可能把简单的障碍设计得看似很困难。一个壶型沙坑看起来可能并没什么威胁，但实际上它比看上去深而且四周斜坡陡峭，除了以逃脱为目的的短打，

139

日本卡诺吉乡村俱乐部[1] 5个标准杆的12号球洞面前的大湖就是典型的"难以逃脱"的障碍。遇到这种障碍，你也只有望球兴叹的份儿了。

别的打法都对这个沙坑束手无策。相反，一个比球道区还大的大型、平整的沙地荒地区域可能也只是看上去吓人，逃脱起来却并不难。

考虑过逃脱障碍的严峻程度以及障碍的所在位置后，你就能确定目标位置了：（1）用台球术语讲就是"做球成功"，也就是为你下一次挥杆做好准备；（2）为球提供一个很好的落点，这样你推球的时候就会更为自信。处理障碍两个非常重要的技能，是要了解球场上的实际距离，并知晓自己每个球能打多远。

我之前已经介绍了一些计算距离的方法，其中包括运用码数表，做自己的码数向导图，通过场地上的水洒喷头粗略估计距

[1] Kinojo Country Club

柏树岬高尔夫球俱乐部3个标准杆的
16号球洞，足以让任何球手着急上火。

离等。如果手边没有码数表或水洒喷头，那么你可以采用将距离分段计算再进行合并的方法。举例来说，如果你和球洞之间有个湖，首先计算出你到水边的距离，然后计算障碍到果岭的距离，最后进行求和，基本距离就出来了。

通过训练，你的目测能力也会有所提升。举例来说，在看码数表或者水洒喷头之前，先进行目测确定距离，之后再与实际距离进行比较。同时多在练习场上花一些时间来提升你的测距能力（之后，我会介绍一些关于错觉和其他影响你距离判断的特殊情况）。

麦肯兹博士曾经有过关于障碍的一些记述，"大多数球手对障碍的认识都有错误。他们简单地将障碍认为是惩罚失误球的一种手段，但是障碍的真正意义是增加比赛的趣味性。举例来说，球手奋力将球打过柏树岬222码3个标准杆16号球洞前的汪洋必然会面对丢球的风险，但这样做也值得。我曾经与一个美国人一起在英国旅游，他就说起自己在柏树岬的16号球洞耗费了不少杆，因为他每次都试图用长打将球越过汪洋打上果岭。无论如何，看到球打上果岭的那种喜悦与成功征服这一主要障碍后的成就感，都会让人感叹此前多次尝试中打落到汪洋中的所有球还是值得的。"

障碍就像辣椒，是设计者加在场地上的一份佐料。没有障碍，高尔夫球场就会无趣很多。虽然球手往往会抱怨障碍的存在，但是他们再回到这片场地打球的原因还是想挑战障碍，伟大的障碍就像磁石一样吸引着他们。

在英格兰伦敦郊外威斯利高尔夫球花园俱乐部九号球场，我们将一些障碍作为佐料加入到这个原本平坦、少树的球场中。举

在威斯利花园九号球场[1] 4个标准杆的9
号球洞，即使是将球打上右侧的沙坑，
也要尽量避开左侧的水域。

[1] Wisley Golf Club's Garden Nine

休格洛夫高尔夫球俱乐部4个标准杆的14号球洞前有条河，球手在选择击球线路的时候一定要注意。

例来说，364码4个标准杆的9号球洞原本是个地势平坦的普通狗腿洞，我们在其中加入了一片大湖，并在周围加入了沙坑群。我们给这个球洞另起了一个别称——"普拉斯托"（Presto，极速的意思）。它给球手带来了很多戏剧性的变化。

水域

水域在高尔夫球场上一般分为以下几种：（1）河流、小溪和浅湾；（2）湖泊和池塘；（3）汪洋；（4）泥沼和湿地。面对水障碍时，击球方式的选择要注意障碍位置、障碍与球洞中心线的角度，以及障碍形状。其中哪一个因素考虑不到，都有可能让你的球陷入障碍。

球洞中心线可能与障碍垂直、平行、呈对角线或是折弯（球洞与水域夹角较小）。水障碍可能在发球区附近，或者毗邻球道区，或是果岭。当然任何形状位置都有可能。

缅因州卡拉巴斯特休格洛夫高尔夫球俱乐部367码4个标准杆的14号球洞，就是球洞中心线与水障碍垂直的一例。一条溪流以垂直角度穿过球道区，与球道区和果岭形成一个整体。这种水障碍使球手不得不利用长打将球打过障碍，而球的运动距离与球手位置和障碍位置有关。在这种特殊情况下，球手或者直接将球打上果岭，或者就需要承担失误球的惩罚。

在加拿大亚伯达省卡尔加里市格伦科高尔夫球乡村俱乐部[1] 413码4个标准杆的4号球洞，一条卵石湾占据了球洞左侧的区域。如果球手能战胜这个卵石湾，他们就不用面对果岭右侧的沙坑了。胜利的关键在于掌握卵石湾内侧的具体位置，并尽量将球打到其附近位置。如果你能成功通过这个障碍，那么你在推球位置的角度也会更好。但对于大多数球手来说，谨慎地将球打到右侧的球道区，避免球掉到水里，是一个讲求安全的选择。

现在我们一起看看堪萨斯州欧弗兰公园鹿溪球场[2] 422码4个标准杆的3号球洞，设计者设计了一条对角线水障碍。如图中显示的一样，溪流将球道区二等分。击球线路的选择尤为重要，因为同样距离的球可能越过障碍，也可能直接掉进小溪里。

第二章提到的沙丘与海滩球场576码5个标准杆的13号球洞，是由我父亲设计的，这就是折弯挑战的典型。站在发球区，面对球道区右侧与果岭成90度角（马蹄形，horseshoe）的广阔水域，你的第一反应是，尽管距离有些长，但左侧远离水域的区

---

[1] Glencoe Golf Country Club
[2] Deer Creek Golf Course

后页：
加拿大格伦科高尔夫球俱乐部的峡谷森林球场4个标准杆4号球洞的左侧一片平行水障碍。

域是个不错的击球进洞路线。如果你选择另一条路线，直接挑战水域，那你就得为失误做好准备。

一般来说，水障碍整齐、简单的极少，大多数都是那种不规则、偶然形成的类型。水障碍中可能有插入缺口、指状缺口或是其他形态的缺口，如果确实如此，你不得不因此额外多打几码距离以越过这些缺口。你应该意识到的是，越过这些不规则障碍的实际距离比看起来要长一些。如果确实如此，就应重新慎重选择击球方式。简单判断水面距离很容易产生误差，因为水的光学折射会使人产生错觉，而其实际距离与视觉距离明显不同。重新周密计算十分必要，能确保你一杆越过障碍。

同时，你还要确定障碍周围的场地地势是否有起伏，要防止球落在上面顺势滚入障碍。这种情况极其常见。因为，水障碍一般会配合球场的灌溉系统，多建在低洼地区。如果其周边区域地势较高，击球时一定要格外注意。

有时，一个球洞会包括两三个水域。如图中所示，我们将这种设计运用于溪涧球场559码5个标准杆的16号球洞。我们建造了两个人工湖，一个在发球区，一个在果岭附近，这也是为了让开球，以及第二杆和第三杆更有挑战性。这种地形一而再再而三地诱惑球手将球打到水域附近或是直接打过水域。你可以英勇地将球打过水域或是沿水边推进，从而缩短与球洞的距离，极大地改善击球线路的角度。不过，这需要冒一点风险。

球手面对难度较大的障碍时总要冒着被罚杆的危险去击球，不过，设计者在设计这样的障碍时会尽量保持其公平性。就像我之前说的一样，有些水域障碍刚开始看很吓人，但是设计者对这一杆的要求可能很低。然而，这与果敢一击完全不是一个概念，

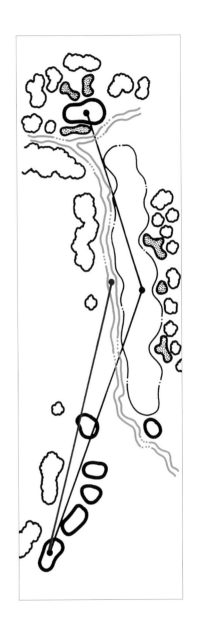

鹿溪高尔夫球场4个标准杆的3号球洞是典型的对角线型水障碍。面对这样的障碍，胆大的球手能肆意而为而不会有失。

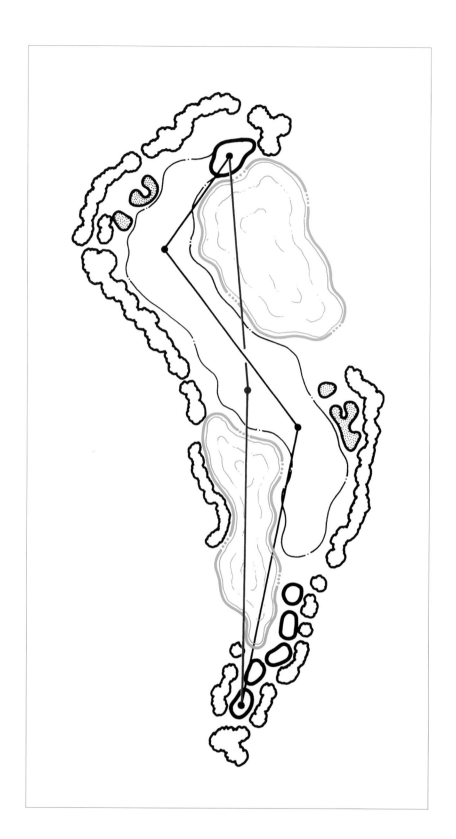

溪涧高尔夫球乡村俱乐部5个标
准杆的16号球洞有两个湖泊障
碍，这两个障碍既是机遇也是挑
战，但是结果如何还取决于你。

溪涧球场的16号球洞就是典型的例子。我在果岭前二号湖泊的设计就是一个高空长打，当然你也可以从湖水左侧的球道区绕行。如果你对自己的球能否飞过湖面有所怀疑，那么还是采用安全的方法吧。

3杆洞中，设计者经常把水域当作惩罚之用。如果你能合理利用发球区的完美球位击出完美的弧线，那就意味着你可以接受这样的挑战。这我在第二章提到过。在1990年美国公开赛的梅迪纳乡村俱乐部的球场上，我们就看到球手三次面临同一种情况（2号、13号和17号洞）。这三次，球手都要将球打过水障碍。

如果球需要打过水域，你首先要关注自己的球位。举例来说，从下坡处将球打过水域对于大多数球手来说是十分困难的。如果球位不好，还是尽量保守一些；如果球位较好，进攻当然要积极。但如果能力不够，则不要逞强。该进攻时决不能犹豫不决。打球的第一铁律就是该出手时就出手。换句话说，尽量发挥出高水平，越过障碍，为下一球做好准备。

高尔夫球手还要注意的是水域与球洞的相对位置。举例来说，设计者经常会将水域设置在发球区附近来分散选手的注意力，但是除非失误，这样的水障碍是不会给选手造成太大危险的。

通常情况下，球道区的水障碍对选手诱惑很大，为了获得更好的击球角度或者为下一杆做好准备，球手不得不将球打到水域附近。这种决定的取舍，首先考验你对特定环境下所将要面临的不同的风险与回报的判断；其二，当水域设置在落球区附近时，就是考验你的战术制订或挥杆质量的水平；最后，若水障碍直接横跨球道区，那么它意味着设计者是在逼你在一杆越障与保守推

梅迪纳乡村三号球场中有4个3杆
洞,其中三个都有要越过的水域。

#2

#13

#17

150

进两种方式之间做出选择。

设置在果岭前的水域往往难度最大。不仅需要通过水域，而且对落点要求精准。面对这种障碍最基本的定律就是要选择能将球打过水域的球杆。这时就要根据球手个人水平决定具体策略。在这种情况下，高水平球手经常用质地较硬的球杆完成全力击球，而其他大多数球手应该选择容易控制的球杆谨慎击球。

火石乡村俱乐部625码5个标准杆的16号球洞就是这种情况。湖泊紧紧地依偎着推球区，二者之间仅有一段不宽的长草区将水域与果岭分割开来。任何失误球，或是距离计算不当都会导致球掉入水中。这就需要球手格外小心，在选择球杆前，还要注意分析相关信息（码数表、风力、湿度、温度）。在做最终决定前，请记住即使是世界最高水平的球手也会给自己留出多打一杆的余地。如果在这种情况下，他们需要将球打到果岭后方，那么你也应当如此。

在解决果岭前的水障碍时，你可以将注意力集中在障碍后的区域上，比如沙坑的边缘、树木、高地等，并将球打到果岭后的位置。果岭后区域的设计通常都是基于视觉角度的考虑。对这样的区域，聪明的球手通常会善加利用——将你的注意力放在这些区域中，面前的水障碍就不是首要的问题了，而且击球时产生的消极心理也会降低。专业球手对这种战术的使用已经驾轻就熟了。

果岭周围水域不太多见，但是如果出现，则往往不容有失。设计者设计这种障碍主要有两种最常见的形式：（1）一个相对距离较近的3杆洞；（2）一个推杆距离较短的5杆洞。处理这种情况的基本规律是计算出球距果岭中间的距离，并将球瞄准这个

后页：
紧邻火石乡村俱乐部南区球场5个标准杆16号球洞边就是一个小池塘，球手在这里击球不容有误。

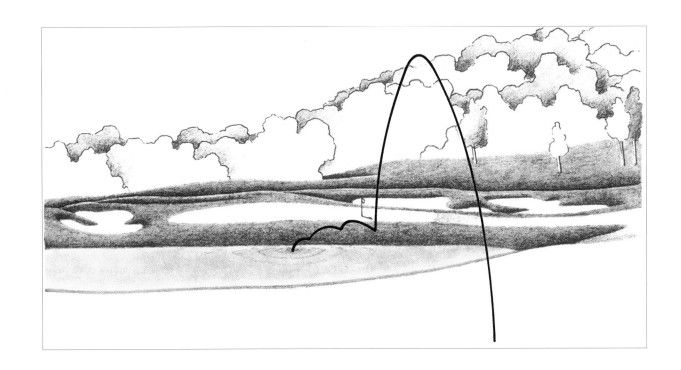

位置。设计者一般会诱惑你将球打到球洞附近的水域旁边。球手也可以将球打到缓冲区，但这只是偶尔为之，不能作为战术的一部分。这种球洞的惩罚程度空前严厉，所以还是保守为好。

将球打上果岭之前，应注意设计者口中的"缓冲区"（buffer zone），一块介于水域边缘和推球区边缘的区域。这个区域可能是一个斜坡、一个沙坑、一块高地或只是一块普通平地。大多数情况下，球手将球打过水域，球都会有个不错的落点，但是他们却有可能输在水域和推球区之间的这片区域上。如果球落在这样的区域，其结果就往往有些出人意料，球手可能要面对逃离长草区的窘境。

望远镜山高尔夫球场520码5个标准杆的11号球洞就证明了这一点。在推球区和果岭面前的大水塘之间有个20码宽的缓冲

台湾杨梅市扬升高尔夫球乡村俱乐部[1] 5个标准杆的13号球洞的缓冲带完全不给球手任何机会。

---

[1] Sun Rise Country Club

区。这个缓冲区是由修剪工整的长草区和陡峭的斜坡组成。面对这样的缓冲区，应该谨慎选择球杆和击球方式。

了解缓冲区具体的自然环境十分重要。举例来说，水边的厚草可能会让你的球免于掉入水中的危险。另一方面，岩石、惩罚性长草或者那些严酷的环境不会对你有什么帮助。在这种情况下选择球杆，应尽量给自己的击球杆数多留些余地，以便于将球打过障碍和缓冲区。

1975年的加拿大公开赛（Canadian Open）上曾演绎过史上最完美的从水障碍区逃脱的一幕，专业球手帕特·菲兹西蒙斯（Pat Fitzsimons）在蒙特利尔皇家高尔夫球俱乐部[1] 426码4个标准杆的16号球洞完成发球，继而将球打到了池塘中间的一个小岛上。因为水塘较浅，所以菲兹西蒙斯的球童能背着他过去。在到达对岸之后，菲兹西蒙斯第二杆直接击球入洞，奇迹般地在标准杆内完成任务。菲兹西蒙斯不介意弄脏裤子，尤其考虑到他那天穿了一条标志性的旧灯芯绒裤子。

无论你对水障碍准备得多么充分，都会不可避免地要面对危险。在1985年的大师赛上，柯蒂斯·斯特吉（Curtis Strange）在比赛中一直表现冷静，但是在5个标准杆的13号球洞和15号球洞的第二杆他都将球打进了水里。在1986年大师赛上，赛弗·巴勒斯特罗在完美地完成自己的3号球洞后，以为自己夺冠在望了，但是在处理15号洞的第二杆时，他将球直接打进了水里，只能眼睁睁地看着杰克·尼可拉斯拿到他的第六个冠军头衔。一般情况下，高尔夫球手都很难挽救水障碍的失误球。偶有例外的是在1983年大师赛上，巴勒斯特罗成功地从465码5

---

[1] Royal Montreal Golf Club

154

个标准杆13号球洞的雷氏溪涧（Rae's Creek）水障碍中逃脱。他在脱下鞋，穿上防雨外套，通过飞溅的溪水，上演了一记爆炸击球，并且在之后势头不减。他解释道，是之前的击球给了他能量，直取冠军。

树木

许多伟大的球场中，最吸引眼球、最引人关注的都是树木。虽然大多数高尔夫球手都认为树木是障碍，但是球手应该了解到树木的其他意义，其中就包括视觉和听觉屏蔽的功能，当然还有给球场创造美感、作为自然生物的栖息地、挽救因地势变化造成的失误球等作用。例如，设计师会用树木帮你做击球选择的参照；树木可以作为击球的标准线或果岭后的参照物帮助球手计算距离。总而言之，不要将所有的树木都当作障碍就是了。

当你面对一棵树或一片树丛时，你首先应该考虑如果击球距离或者角度有偏差，将球打进树丛，会不会对你的下次击球产生影响。如果答案是确定的，那么这些树或者树丛就是障碍，你要尽量远离这个区域。

水域不过是个平面障碍，而树木则是立体障碍。因为立体的关系，击球选择也会更加复杂：如果你计划让球从树顶越过，或是从地面推进，或是从树丛中穿过，你要考虑的因素有方向的选择、距离的长短，还有高度的掌握等。另一方面，如果你想用弧线击球绕过树木障碍，例如绕过狗腿洞中间的大树，你还需要计算出从右到左或者从左到右的弧度因素。之后，才是要完成三维参数击球，这比只考虑角度和距离的二维参数击球复杂许多。

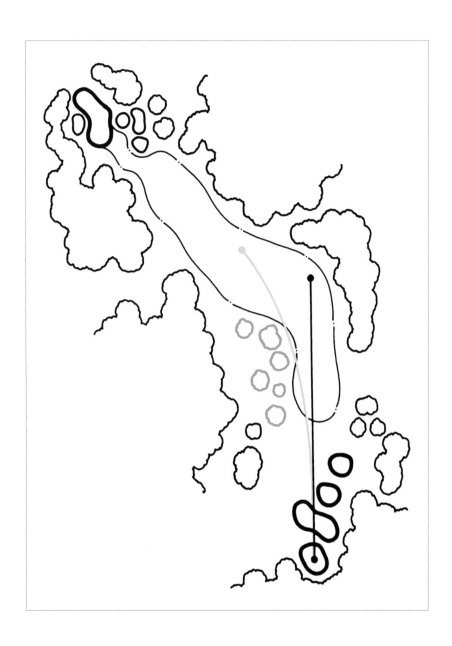

树木经常会设在狗腿洞的中间。能以
良好的弧度绕过树木的球手，必然能
在比赛中占尽优势。

在练习区，你首先要了解自己能将球打多高，同样要了解自己能打出怎样的弧线。我们可以从美国职业高尔夫球比赛中学到很多关于轨道和弧度的知识。这些知识能让你轻松通过树木形成的三维障碍。

树木障碍也经常会暗藏杀机，所以要根据自身能力，认真评估障碍的难度，选择不同的位置方向通过树木障碍。如果障碍确实难度较大，就要考虑正面挑战的必要性了。换句话说，就像下棋一样，多考虑几步棋才能明白这步棋是否合适，并且是否为后续做好了准备。如果树木障碍确实难以解决，你可以考虑其他的击球路线来回避直面障碍。

在树木丛生的球场，将树木清理后自然就会呈现出一条长廊形球道区了。通常情况下，设计者在清理树木的时候就会考虑用怎样的弧度来设计球道区的走向。这样带有弧度或者弯曲的球道区要求球手有短距离的发球，能够打出漂亮的弧线，并最终以长打结束这个球洞。

让我们来设想一个球洞，它的球道区向左侧弯曲，形如香蕉，而外侧被树木环绕。从发球区算下来只有210码，而整个球洞是一个430码的4杆洞。这时，你就要考虑打出一个200码的直线发球，并以230码的长打直上果岭；或者沿树林内侧打出一个从右向左的弧线球和一记沿着树林外侧的短打球，留下一杆短打完成上果岭的任务。如果你的弧线打得好，就会赢得一个绝对的领先优势。

如果场地上只有零星的一两棵树，这反而会给设计师在考虑如何将它们最大化地纳入到球场设计时提出很大的挑战。对大多数高尔夫球手来说，零星的几棵树或是一个树丛也经常让他们

无所适从，不知挑战这种障碍是否值得。从发球区通过果岭这一段，周围都可以设置一些小树林作为屏障。举例来说，可以将树木设置在击球区附近，让球手不得不越过、穿过，或是绕过树木障碍。还可以将树木设置在果岭附近来屏蔽推球区的一角。树木障碍呈现的这种方式要求选手必须考虑清楚两点：第一，是否能够跨过障碍，获得巨大优势；第二，若跨不过，怎样从障碍中脱身。

有些情况下，仅仅一棵树就会对于球洞战术的制订产生十分重要的影响，其结果往往是多方面的。设计者将一棵树设置在第一落球区的位置，让发球的选择更少，这就要求选手提升准确性。不仅如此，这棵树还决定了球手的击球方向。加利福尼亚州卡扎克托橙色球场[1]364码4个标准杆的2号洞击球区中就有一棵橡树，这棵橡树使击球区变得十分狭窄：球手只能如赌博般将球打向橡树右侧一个收集型沙坑附近；或者打向危险较小的左侧，这条路线更安全。如果押宝成功，那么回报也很可观——球距离果岭较近，角度也较好；如果选择安全路线，后续的路上还有一片更困难的树丛和沙坑障碍要克服。

另一种情况是，你会在球道区侧面位置的第一落球区上发现一棵对发球影响不大的树。就像台球比赛一样，你要为你下一杆做好准备。对这种情况，你也要分析，这棵树不知什么时候可能会忽然变得十分重要。南卡罗来纳州希尔顿头岛海港城林克斯球场[2]358码4个标准杆的13号球洞就是这样的类型。这里曾是美国职业高尔夫传承杯巡回赛的场地。球道区左侧边缘的大树对右侧的击球区造成了很大影响，因为走左侧你就必须得经过这里的树

---

[1] Orange Country Golf Course
[2] Harbour Town Golf Links

左页：
伟吉伍德4个标准杆的16号球洞是个长廊型球洞，左右都有树丛，这种障碍需要球手将方向确定准确。

加利福尼亚州斯坦福大学高尔夫球场[1] 4个标准杆的12号球洞中间有棵孤独的橡树。这棵橡树很大程度上影响了球手的击球策略。

木障碍，无论是选择越过它，绕过它，还是从它下面穿过。

　　还有一种情况是，你可能会遇到球道区正中或是第一落球区上方高地正矗立着一棵树。怎样处理这种情况一直很令人困扰，但是通常球洞附近的地形总会给球手一些提示。加利福尼亚州斯坦福大学高尔夫球俱乐部470码4个标准杆的12号球洞，发球区

---

[1] Stanford University Golf Course

340码外就有棵大橡树。在这种情况下，考虑距球洞的距离，大多数球手会直接将球打到树下，接着考虑怎样越过树击球入洞。

最后一种情况是，当一棵树挡住了果岭的一隅，球道区的一部分都成了难以进入的区域。在得克萨斯州沃斯堡市殖民乡村俱乐部[1]387码4个标准杆的17号球洞，其球道区的右侧通向果岭的位置有棵被人称为"大号安妮"（Big Annie）的大核桃树。这棵树在一次风暴中被卷走了，使整个球洞的布局有了很大改变。树木的作用就是为了增加球洞的趣味性，但是设计者在设置障碍之初也应该考虑到风暴灾难等情况。

树木与其他地形不同，它的高度、宽度和外形会因自然原因而不断变化，而灾难、昆虫、树龄、风暴、修剪或其他问题也会对它产生影响。因此，树木或者树丛对球手战术制订的影响也只是一段时间的事儿而已，树木不论是缓慢或者突然发生变化，整个球洞的特点都会随之而变。

传奇人物本·霍根曾经一度被认为是高尔夫球弧度和轨道击球的大师。殖民乡村俱乐部距离他家很近。这个球场的球道区处处是树木，能够掌握弧度和轨道的球手在这里可以占得很大先机。人们普遍认为霍根的球技就是在这里练出来的。与霍根一样，你也应该利用每一次机会在树木丛生的球场中多加练习，通过每一杆的特点分析和经验积累，你的球技也会有所提升。

水域和树木障碍给球手带来很大挑战。如果操作不当，你都可能因此失分或者毁掉整个比赛。但是如果你了解了它们的功能和设置的目的，它们就会引领你打出精彩的一击。

----

[1] The Colonial Country Club

登陆果岭

6

距离较短的3杆洞通常情况下都是障碍
丛生，如碎石沙坑、高地、深深的泥
地，而苏格兰皇家特伦高尔夫球俱乐
部[1]8号球洞就是典型的一例。

前页：
威雷亚黄金高尔夫球场4个标准杆的4号
球洞果岭附近沙坑众多，这些沙坑起到
了很好的防守作用。

[1] Royal Troon Golf Club

现在让我们看看你怎样使用之前学到的关于障碍和地形的相关知识来解决"切球"，这是一种设计者在果岭为你安排的球。本章以介绍落球区（设计者在果岭前为你设置的击球上果岭的准备区）和果岭综合区域（果岭及其周边区域）为主。在设置障碍时，设计者一定会将落球区和果岭综合区考虑在内，而考虑的关键还在于切球的距离。距离减小，说明你要面对的障碍数量和难度都会增加。

在4杆洞和5杆洞的落球区和果岭综合区之间一定要警惕障碍。3杆洞一般没有落球区，因为你要尽量直接从发球区把球打上果岭。然而，3杆洞球手首先会获得一个完美球位，在良好的站姿下，选择合适的角度，凭借发球区的标志物将球打出。如果距离较短，设计者会相应地增加果岭综合区的障碍难度。以苏格兰埃尔郡海岸（Ayrshire coast）特伦球场126码3个标准杆的8号洞为例，这个球洞也被戏称为"邮票"，这个小得可怜的果岭周围遍布深深的沙坑、草皮小丘、洼地，简直就是逃脱无门。这种考验一般不会出现在4杆洞和5杆洞的果岭，因为在那种情况下你的球位、站姿、角度都会比3杆洞差很远，设计者也没必要过分为难球手。

你认为4杆洞和5杆洞的落球区会怎样呢？如果切球距离较短，设计者会在落球区设置很多障碍来惩罚那些失误的球手。举例来说，球道区可能因为长草和沙坑的关系狭窄不堪，这样球手就不得不用短打将球打入安全区域或用长打直接越过障碍。

西班牙湾307码4个标准杆的2号球洞图显示，我们要如何运用窄道技术，将球打过沙石山丘、自然植被和狭长沙坑占据的最后100码的落球区。果岭的后面是个沙石山丘，左前方则是一个

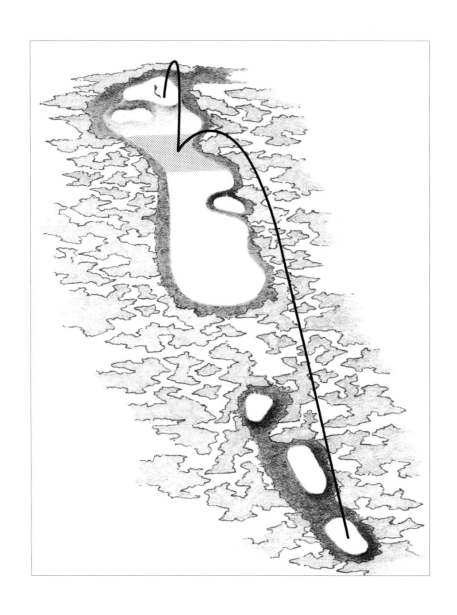

在西班牙湾球场4个标准杆的2号洞，
落球区和果岭周围麻烦众多。

大沙坑。这种落球区和果岭综合区障碍重重的环境，在距离短的4杆洞很常见。

另外，俄亥俄州哥伦布市杰弗逊乡村俱乐部450码4个标准杆的5号球洞，同样需要完成一个长距离切球。基于这个4杆洞切球的特殊性，大多数选手不得不选择球道木杆或者长铁杆——而这些球杆的操控性并不是太好。如图上一样，落球区两侧都有沙坑，而球道区较宽。

为了降低这个切球的难度，我在果岭附近设置了一些"友好的"高地和泥地，这些障碍都不难，救球脱身也比较容易。而且球道区与果岭相连，球手甚至可以通过球的反弹和翻滚将球送到推球区。你可以发现，鉴于切球距离较长，果岭区的障碍设置也

在澳大利亚凯悦库伦胜地球场[1]16号球洞果岭切球，首先要看清附近的沙坑、杂草丛生的坑洞和坡度果岭等相关地形。

---

[1] Hyatt Coolum Resort

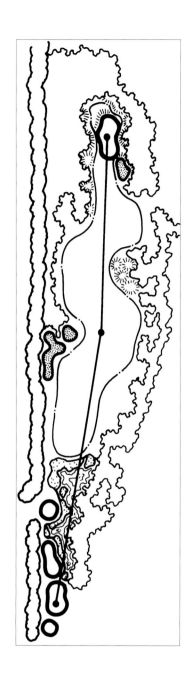

俄亥俄州哥伦布市杰弗逊高尔夫球乡村俱乐部4个标准杆的5号球洞，障碍难度不大，球手很容易逃脱。

相对简单。

下面我们一起分析一下澳大利亚库伦市凯悦库伦胜地球场350码4个标准杆的16号球洞的落球区和果岭综合区。大多数球手，包括那些业余球手，大都从100码外将球打上果岭。然而，这里的障碍难度较大。果岭前90码外的落球区有两个沙坑，这两个障碍考验着不同水平的球手。如果发现沙坑，你需要完美的一杆将球打上果岭，即使是专业选手也没有捷径可循。此外，地势陡峭的上坡果岭附近还有若干沙坑和深草坑。这些障碍都很难逃脱，所以制订战术尽量避免与它们正面接触才是上策。这个小型半岛果岭同样需要球手精准的击球。

沙坑设在距果岭40码及其以外区域，对球手挑战最大。一般来说，逃脱沙坑的最好办法就是用沙坑挖起杆（sand wedge）以爆炸击球将沙子连同球一起打出沙坑而不需要球杆直接接触球。不幸的是，40码已经超过了爆炸击球的范围。所以要想一杆将球打上果岭，你就需要精准地控制杆球接触，而这种情况下，其他因素就难以预料了。基于距离与球位的情况，一杆上岭的难度不小。

在到达果岭综合区之后，你可以有机会仔细观察一下附近的地形特质，因为有些特质在远距离是看不到的。举例来说，障碍可能比你想象的难度要大，长草区可能更高，沙坑更深更陡峭，斜坡角度也更大。你甚至有可能看到之前没看到的地形，例如杂草丛生的深坑、壶型沙坑或者起伏微妙的高地。在近距离看到这些地形时，你需要立即想到这些障碍会对你的切球造成怎样的影响。

设计者不喜欢重复和单一的球场设计。因此，对两条长度相

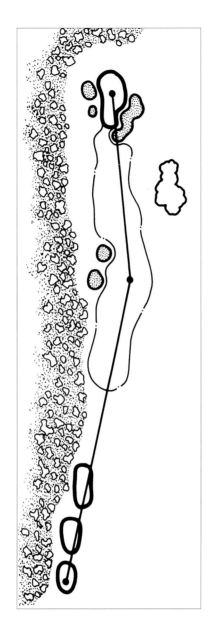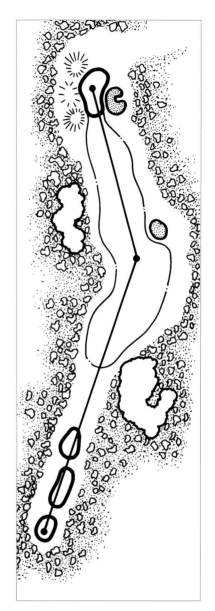

尽管沙漠沙丘高尔夫球球场2号球洞
和4号球洞的距离差不多，但障碍难
度却相去甚远。

同的4杆洞也不可能采取相同的障碍设计。所以在面对相似球洞时应该注意其防守节奏的变化。

沙漠沙丘高尔夫球场2号洞和4号洞虽然长度类似，但是障碍却完全不同。它们都是400码长，果岭区的推球长度也差不多。在2号球洞切球面对的是果岭附近的沙坑，而4号洞只在推球区有个沙坑。我搭建以上障碍是基于三点考虑：（1）2号球洞相对于右侧落球区难度不大，所以发球区要求也不高；（2）2号球洞果岭附近的沙坑要求球手完成一个空中轻击球；（3）在4号球洞，推球区附近的地势变化给球手带来了很大挑战，所以我设计的果岭本身的难度不是很大。

如果你观察果岭综合区，首先吸引眼球的就是果岭本身。在准备切球之前，首先考虑果岭的尺寸和地形。第一，你应该先对果岭的表面尺寸和二维地形做出判断；第二，观察果岭的三维地形，主要看它是扁平还是凸起、凹陷，或者难以确定。凹陷或者碗形果岭对于切球来说很容易；凸起和王冠型果岭，就属于那种难以对付的类型，因为这类果岭更容易让球滚出去。唐纳德·罗斯设计的北卡罗来纳州松丘球场的2号球场[1]就是最好的例子，而唐纳德个人也因为其凸起型果岭而出名。如果你对一个球场不熟悉，而果岭的尺寸和地形又很难一眼看清，我建议你最好看下计分卡上是否有与果岭有关的表格，然后走上落球区找个更好的角度进行观察（如果有座小山或者高地就更好了），或者问问球童也是个不错的方法。

在确定果岭尺寸和地形后，仔细观察球洞位置。接着确定你

---

[1] Pinehurst No. 2 Course
[2] Atlantic Golf Club

171

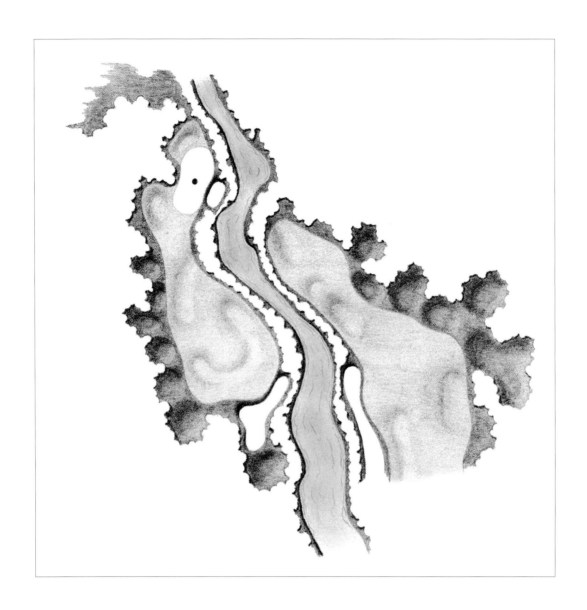

泥地和杂草丛生的沙坑经常出现在推
球区附近，但是落球区有时也会有如
此设置，例如伊利诺伊州芝加哥附近
的草地高尔夫球俱乐部[1] 4个标准杆的
5号球洞就是典型的一例。

---

[1] Prairie Landing Golf Club

切球的落点，并了解其与果岭的相对位置。

在遇到下坡洞时，果岭通常都在分岔的斜坡位置，如果力量过大，救球就比较难了。相反，如果遇到上坡洞，果岭通常都是从后向前隆起，视野比较开阔，如果球打得太远，你就必须采取下坡低飞球（chip）或者劈起球进行挽救了。

设计者经常在果岭综合区设置高地或是斜坡。这种障碍或是友好型、防守型的，或是惩罚型的，当面对高地或斜坡时，首先确定这是要帮你打上果岭还是要影响你的击球选择。同时要注意的还有，有些高地在作为障碍的同时也有可能为你指明球洞的位置或是推球角度。果岭斜坡有可能使你的球直接离开推球区，也可能直接将你的球带向球洞位置。在研究高地和斜坡时，要考虑到其难度和对球的影响。一般来说，倾斜越大，影响越大，球滚离高地或者斜坡也越远。

其他能够加入果岭综合区的因素还有泥地和长草坑。设计者一般用这些因素来考验球手应付不同情况的救球能力，以及进行灌溉草皮之用。因为时至今日，灌溉是高尔夫球场一个很重要的设计因素。一般情况下，泥地和长草坑都有水池和径流存在。

泥地比长草坑要浅，而草的长度也能根据球道区和长草区的需要而相应变化。如果草只有球道区的高度，你的选择就比较多，比如低飞球、腾滚球（pitch-and-run）、撞滚球（bump-and-run）、或者推球。击球选择和击球本身同样重要。如果草和长草区等高，那么就要选择劈起球或者挑高球了。

另一方面，长草坑一般很深，有时会妨碍你观察推球区和旗杆的底部。这些区域一般都和长草区等高，将救球的选择仅限于

明尼苏达州黑泽汀国家高尔夫球场是1970、1991美国公开赛冠军赛的场地。这里的长草区草一直很深。

击打腾空球。长草坑的坡度普遍较大。如果犹豫，请选择较为安全的方式，这比从障碍逃脱简单许多。

推球区周围的边缘地带也是关注的焦点。这个区域的草皮大概有2~3英尺宽，这个区域对近距离切球影响很大。在面对果岭附近的沙坑或是长草时，你应该尽量将球打到靠近球洞的位置。边缘区域草的长度与场地的维护情况密切相关；草的高度、质地和场地条件至关重要。了解草皮最好的方法就是在上面走一走，用你的脚去感受草的质地。

最后，我们关注一种在果岭综合区经常被忽视而又十分重要的因素，那就是长草。长草的特质、种类对你的比赛会产生很大影响。一般来说，草修剪得越短、越密集，你打出高质量的翻滚球、低飞球、推球的机会就越大。相反，草越长，你就不得不用高度更高的劈起球、高空球（loft）、高吊球（lob）来越过长草。在击球之前，一定要将这个因素考虑在内。

174

以美国公开赛冠军赛为例，它的场地是由美国高尔夫球协会指定的，这种场地以长草的长度和深度著称。这种场地低飞球、腾滚球、撞滚球出现的机会相对较少，而采取其他的击球方式也都是铤而走险——台湾选手陈志忠就曾经犯过这样的错误。在1985年密歇根州伯明翰奥克兰山乡村俱乐部举行的美国公开赛上，陈志忠在击出一记高抛切球时还以3杆领先，但球却陷入了5号果岭的长草区中。他本想用一个长打将球打出长草，结果却因为杆头打滑，迫使他只能选择连续击打，最后以4个帕忌的成绩完成该洞，并以1杆惜败。

在击球前，你应该先确定果岭入口的类型，这会对你选择击球方式登陆果岭起到至关重要的作用。举例来说，面对一个开放的果岭入口，你能轻松将球弹上果岭，而其他类型的则明显不行。

第一种果岭入口就是球道区与果岭的衔接型入口，这种球道区是直接与推球区相连的，属于最基本的类型。这种入口一般没有高度变化。面对这种入口，多采用长距离切球，因为弹击、转腕、劈起、撞滚、低飞球、推球的空间更大。

观察威斯利花园高尔夫球俱乐部九号球场433码4个标准杆的9号球洞图片，我们会发现球道区与推球区之间的关系，似乎推球区就是球道区的延伸。你可以选择采用高飞球或者地面弹击将球打上果岭。

设计者会根据切球的距离调整果岭入口的宽度。如果切球距离长，果岭入口就可能跟果岭等宽。相反，如果距离短，相应入口可能只有果岭的一半宽。

在威斯利花园高尔夫球俱乐部9号球场，4个标准杆的9号球洞，球道至果岭区的连接位置给选手提供了上推球区的多种选择。

另一种入口我们称之为滑道（runway）入口或斜坡（ramp）入口。一般情况下，这都是条狭窄的场地，大概和球道区等高，两侧是一些沙坑或者其他障碍，坡度逐渐升高直达果岭。因为这种斜坡一般都比果岭要窄，所以球滚上果岭也需要很高的准确度。另一个影响球运动的因素是坡度的变化，它可能会让你的切球减速甚至停在途中。这种入口一般是提供给那些不能通过高飞球将球打上果岭的球手。如果你遇到斜坡，你首先应该掌握设计者的用意，设计者是希望你用高飞球将球打上果岭，地面球只是第二选择。

有时，设计者会设计一个小型的球道区，让它几乎与主球道分离。这段小型区域与果岭前段相连，外围通常都长有长草，我们称之为"舌头"（tongue）。舌头区域通常用来告诉球手这个区域是个不错的落点，而且球可以顺利滚上推球区。与斜坡类似，舌头区也是一个上果岭的第二选择；不过对于有些球手，这

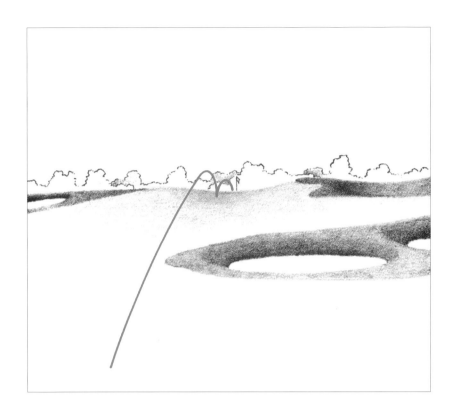

密歇根州底特律附近的果园高尔夫球
俱乐部[1] 4个标准杆的9号球洞果岭附
近有个斜坡，球可以直接滚上果岭。

---

[1] The Orchards Golf Club

这是小罗伯特·特伦特·琼斯绘制
的关于希斯顿山乡村俱乐部5个标准
杆7号球洞偏角果岭入口图。

左页：
水晶树高尔夫乡村俱乐部3个标准杆的
15号球洞，一组舌头区域指明了上推球
区的入口。

可能是第一选择。

如果你选择将球打上舌头区，你就要为下面的低飞球或者推球做好准备。这时推杆就是个不错的选择，尤其是当草的阻力较大而又没有太大的坡度变化时。如果坡度变化较大，低飞球和劈起球相对比较不错。面对舌头区，非常重要的一点就是，这个区域的球位有些棘手，而低飞球和劈起球会增加失误的概率。如果犹豫不决，还是选择推球为好。

还有一种入口你会经常遇到，这是在现代设计中逐渐产生的一种入口，我称之为"偏角入口"（angle tie-in）。一般情况下，果岭前方会有沙坑或者其他类似的障碍需要面对。但是与其他球洞不同，球手可以选择沿果岭侧面的球道区，让球沿球道区绕过障碍。这给了球手另外一种选择。

佛罗里达州劳德代尔堡希斯顿山乡村俱乐部510码5个标准杆的7号球洞，是美国高尔夫球职业巡回赛本田精英赛的场地。果岭前有一片沙坑，球手必须以高空球打上果岭。当然，我在果岭右侧的球道区留下了一条小路，球手沿着它可以绕过沙坑登陆果岭。在1992年本田精英赛第一轮比赛中，美国高尔夫球职业巡回赛选手弗雷德·卡帕斯（Fred Couples）就是在第二杆的时候利用这个位置将球打上果岭取得领先的。他接着又用一个完美的撞滚球获得了他这一洞的小鸟球。如果有机会取得优势，你也应该像卡帕斯一样，尽量抓住它。

策略击球

有些击球方式对于进攻球洞十分奏效。第一种就是从球道区或者长草区全力击球。在这种情况下，短打球杆（short hitter）对于这类击球是很有必要的，这就要求你对不同球杆击球距离的特点烂熟于胸，并为最终的目标选择恰当的球杆。专业球手一般都会选择全力击球，因为这种球高度够高，后旋较大，可顺利快速地停在推球区上。在面对果岭的时候，全力击球就不太实用了，你应该选择更柔和的打法。

另一种比较适合登陆果岭的击球方式就是劈起球（pitch），这种击球方式最适用于100码内距离的击球，因为它能适应各种不同的距离与轨道弧线。利用劈起球可以越过果岭前的障碍。为了让球手打出高质量的劈起球，设计者经常会在果岭前设置沙坑、水域或者其他障碍。劈起球还有一个特点就是这种球落地后很快就能停下来，但是并没有全力击球那么快。

另一种经常使用的击球方式是猛击球（punch shot）。这是在面对大风时的一种低球道的击球方式。理论上讲，猛击是需要让球尽量贴地的，但是如果需要越过障碍则另当别论。

越靠近果岭，对击球的要求也越讲究，而要取得好的成绩，你的击球选择也就愈发重要。

果岭附近最常见的一种击球方式就是低飞球。这种球可以以球道区和长草区开始，不过这得在果岭足够大的情况下。低飞球可以用四号铁杆或者沙坑杆完成。一个高水平的低飞球需要将球打上果岭并且靠近球洞。因为一般的低飞球都是在果岭附近完成，你可以在相对较浅的长草、泥地、果岭边缘或是果岭入口处完成击球。

果岭区比较常见的还有短劈起球（short pitch）。在一般高水平的低飞球一般是那种离地较近、直上果岭、翻滚入洞的球。

与低飞球不同，劈起球是先落地、反弹、滚动一小段距离再入洞。

这种推杆区附近，比较适合使用撞滚球，球落地离球洞很近，接着滚入球洞。

高吊球适合那些距离较短的洞，这种球需要发挥你的球感和想象力将球打入球洞。

低飞球

劈起球

高吊球

撞滚球

情况下，这种球可以从不同位置打出。与低飞、滚动的低飞球特点不同，短劈起球多采用劈起杆或是沙坑杆，将球打上空中，其目的是为了越过障碍。短劈起球可以从长草区或球道区开始，比低飞球的落地更轻，停球更稳定。

另一种在果岭使用的利器我称之为撞滚球。一般来说，撞滚球是一种飞行距离较短、球落上果岭利用坡度滚球入洞的击球方式。在设立了低飞球区域、入口区域和与球道区等高的泥地，以及其他人工地形后，设计者还会创造出适合撞滚球的地形以测试选手的感觉。这里的难处就在于击球力量的选择、球的落点和球的滚动距离。

第四种击球方式是高吊球，这种球几乎可以在果岭周围的任何区域完成，从幽深的长草区、深草坑，到果岭前修剪工整的球道区。这种击球需要用沙坑杆完成，将球打得尽量高，让球柔和地落地，停在球洞附近。高吊球，也叫高抛球（flop shot），是越过果岭附近障碍，如深沙坑、水障碍等最好的击球方式。而且这种球对推球区上的斜坡和起伏的地形也很有效。

还有一种用在果岭附近极其有效的击球方式常被忽视，它就是得克萨斯球。这种球可以利用推杆从推球区附近的边缘地带、入口处、面积较小的沙坑，甚至是稀松的长草区击出。得克萨斯球的强项是距离控制感好，特别是在推球区附近，而这种球的失误率比短劈起球和低飞球都低。对初学者和中级选手来说，得克萨斯球比较容易也相对好挽救，特别是在球位不佳的情况下。

在果岭附近，对设计者在综合区的不同设计理念有所了解，会有助于你针对不同的形势选择正确的击球方式。为了让击球效果最大化，你还需要学习如何选择正确的球杆。你可以运用不同的球杆来完成以上击球，但挖起杆通常是你最好的选择。

了解你的挖起杆

20世纪80年代中期以来，选手一般会带两根挖起杆、一根劈起杆和一根沙坑杆。随着现代高尔夫球的发展，一些准备较充分、水平更专业的球手会选择带三根挖起杆以应对球位和果岭障碍的挑战。而三根挖起杆的运用会将球手在100码内的球杆选择简单化。

虽然不同的挖起杆功能不尽相同，但是我们的讨论还是集中在以下三种基本的挖起杆上：它们是劈起杆，沙坑杆和"高抛"或者叫作"L"挖起杆（lob or L wedge）上。你对球杆越了解，推球入洞的机会也就越大。

挖起杆的主要特点在于球杆面的倾角、重量和弹性。倾角就是杆面和地面的夹角。这个角度决定了球的飞行高度与距离；重量与草皮或沙地的阻力有关；弹性是指球杆钻入或滑离草皮或沙土时的稳定性。球杆底部的厚度决定了其弹性。底越厚，弹性越大。弹性越大，杆越不容易陷入草皮、沙土、泥地这类地形中。相反，弹性小的球杆就比较容易陷入这些地形中。

你应该根据不同情况选择不同的球杆。一般来说，有三种情况需要考虑：（1）沙土的质地和深度；（2）球道区和长草区的厚度；（3）土壤条件。如果球场场地较硬，球位很薄，你可以考虑选择弹性和重量较小的挖起杆；如果场地偏软，且球位较厚，你就可以选择弹性和重量较大的球杆，这种球杆可以帮助你克服地面阻力。如果你在不同的环境和地理条件下打球，你需要准备两套挖起杆。专业球手一般会准备一整套挖起杆，来适应不同场地的挑战。

劈起杆的杆面角度在这三种杆中最小（通常都在48~53度之间，而一般角度都在50度左右），这种杆的击球在挖起杆中是最远的，弹性也是最小的。劈起杆一般用于在球道区完成全力击球、长距离劈起球、猛击球，劈滚球等等。它也适用于高难度的长沙坑球（30~100码）。因为仰角较小，所以其旋转也比沙坑杆和高抛挖起杆小，而这种击球落地后滚得也更远。

沙坑杆是20世纪30年代传奇球手吉恩·萨拉森推广起来的。在此之前，沙坑对于专业球手难度也很大。经过反复试验，萨拉森发现弹性越大，对沙坑球的作用越大。

虽然大多数高尔夫球手并不完全同意他的观点，但是对于高空球，沙坑杆无疑是最有效的利器。这种杆的仰角一般在53~60度左右（标准在55或56度）。因为角度的关系，大多数球手的沙坑杆都不能把球打得太远。这种杆可以用来处理果岭综合区的大部分情况，其中包括劈起球、短距离劈起球、低飞球、高吊球、沙坑爆炸击球等。有经验的球手有时会将沙坑杆当推杆用，特别是当球掉进长草区的时候。选择适当的沙坑杆，可以让你在短距离区域的击球中占据领先位置。

第三种挖起杆是近几十年才兴起的，我们称之为"高抛"挖起杆或者叫作"L"挖起杆。这种特殊的球杆角度很大，大概在60~65度左右（标准仰角是60度）。这种杆一般用于打高角度的吊球，球往往落地较轻；也可以用作挽救沙坑和果岭距离较近的失误球。这种杆特别适用于坡度变化较大和果岭附近埋

汤姆·沃特森一定会永远铭记自己参加
1982年美国公开赛，在卵石滩球场3个
标准杆17号球洞的表现。那是比赛的最
后一轮，他打出了一记令人激动不已的
低飞球，直接进洞。

伏着深沙坑结构的场地，或者是有较厚的长草区和快速滑球果岭（fast green）的场地。现在越来越多的球手在面对这种场地特点时都采用这种球杆击球，而且他们当中的大多数人还获得了冠军。

最近几年，很多比赛都由短距离的关键球决定成败。1981年奥林匹克俱乐部举行的业余冠军杯赛上，已故歌手平·克劳士比[1]（Bing Crosby）的儿子纳撒尼尔·克劳士比（Nathaniel Crosby），通过运用得克萨斯球在外围完成一个25英尺的小鸟球获得了冠军；1983年夏威夷公开赛上，日本选手青木宫（Isao Aoki）以一个长打完成18号球洞的老鹰球并登上了冠军宝座；1986年美国高尔夫球职业巡回赛冠军赛上，鲍勃·特维（Bob Tway）以一个短沙坑球战胜格雷格·诺曼（Greg Norman）；1987年的大师赛上，拉里·麦兹（Larry Mize）以一个140码的撞滚球打败了倒霉的诺曼；在1992年鲍勃·侯坡沙地精英赛（Bob Hope Desert Classic）上，约翰·库克（John Cook）在后九洞以低飞球出色地击败了吉恩·索尔斯（Gene Sauers）；1992年美国公开赛上，汤姆·凯特（Tom Kite）以一个高抛球通过了卵石滩3个标准杆7号洞的长草区，并获得冠军。

或许最引人注目的短打定输赢的例子是在1982年卵石滩的美国公开赛冠军赛上，伟大的球手汤姆·沃特森会一直铭记的那记惊天动地的小鸟低飞球，那还是在218码3个标准杆的17号球洞之前的长草区。许多人可能已经忘记了沃特森同样以低于标准杆的成绩完成了436码4个标准杆的10号球洞，还在果岭边缘以得

---

[1] 美国著名歌手，集超级歌星、超级笑星、超级影星于一体，连续14年被评选为全美十大明星之一。——编者注

克萨斯球完成了555码5个标准杆的14号球洞。沃特森以梦幻般的短打给自己赢得了胜利。

这些惊天动地的成绩，证明了争夺果岭综合区的重要性。你的推球训练得越熟练，果岭就越容易对付。下一章，我们将重点讲述果岭技术。

不管果岭多么平坦，推球区都会有小的险碍存在。

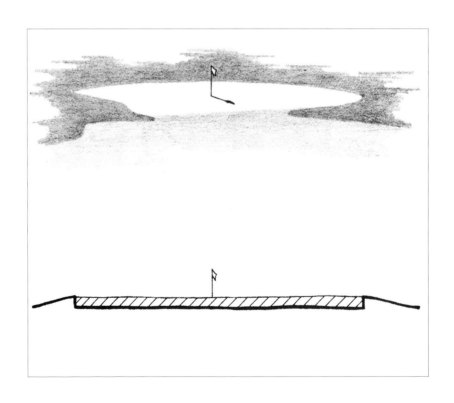

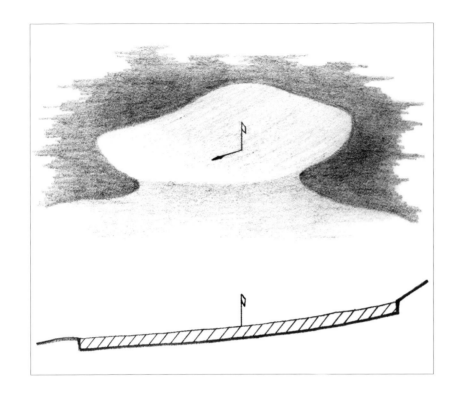

斜坡形果岭（sloped green）的海拔变化是个渐变的过程。

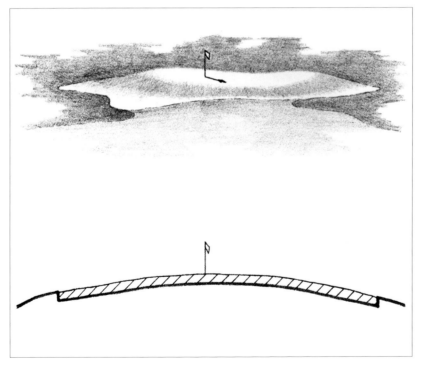

在皇冠形果岭（crowned green）上准确瞄准球洞位置十分必要，因为地形影响，球会逐渐远离果岭中心。

碗形果岭（bowled green）就简单许多，因为地形关系，球会向球洞方向滚。

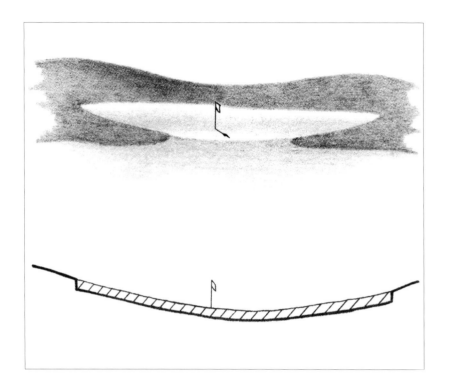

双层果岭（decked green）上，如果你不能把球打到恰当的层面上，那么就会给推球造成很大困难。

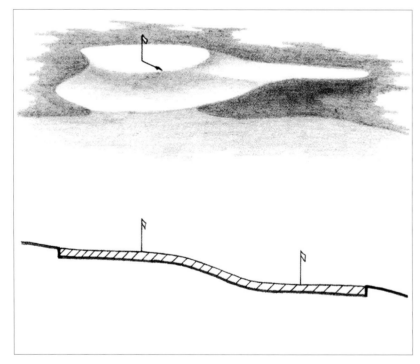

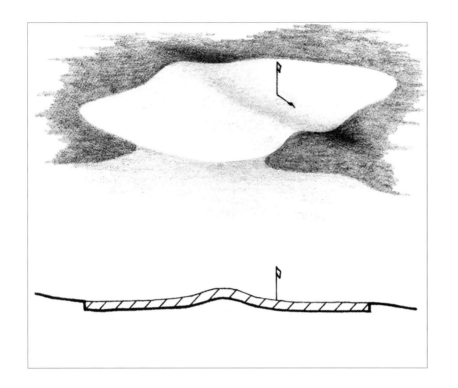

面对上坡-下坡形果岭（up-and-
over green），对地形转换位置
的分析是决定胜负的关键。

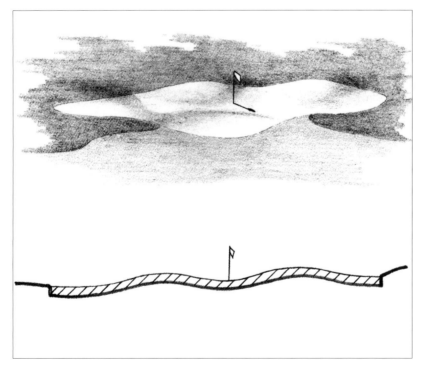

轮廓延绵形果岭（contoured
and rolling green）对切球的准
确性和推球要求很高。

果岭

7

圣·安德鲁斯附近的克雷尔高尔夫球俱
乐部[1]4个标准杆的5号球洞是个典型的
早期方形果岭。

前页：
西班牙湾3个标准杆的16号球洞的果岭
被陡峭的山地分成两部分，这让推球的
难度有所提升。

---

[1] Crail Golf Club

在高尔夫球发展的早期，整个球场都是以自然景物为主，那时并没有我们现在所谓的果岭。而球洞与周围地形也没什么明显的区别。在19世纪后期，球场主开始对球场进行维护修剪，而场地上的果岭也开始有所不同。设计者一直将果岭置于自然景物当中，有时他们会步测出一个30步乘30步的方块地形作为果岭，而现在的果岭面积差不多也就是这么大。左页的图片中就是圣·安德鲁斯附近的克雷尔高尔夫球俱乐部5号球洞方形果岭。自20世纪以来，设计者开始运用掘土技术围筑果岭，而随着高尔夫球场地从沿海向内陆发展，高度相对较高的果岭也随之产生，便于灌溉，而推球区也相应缩小了。

在20世纪30年代左右，果岭设计和外形变化有了质的飞跃，这还是得益于罗斯、帝林哈斯特、麦肯兹、麦克唐纳（Charles Blair Macdonald）和其他设计者的共同努力。而果岭设计也成了艺术的一部分。在"二战"后期，迪克·威尔逊和我的父亲一直在革新他们关于大果岭，特别是那种能安置双洞的果岭的设计。在50年代末、60年代初，随着高尔夫球手水平越来越高，果岭也随之减小，这就是要利用小果岭挑战球手的能力。

高尔夫球运动在20世纪70年代迎来了蓬勃的发展期，这也给现代的球场提出了新的思考——很多场地上的比赛越来越多。有些设计者提出增大果岭以在果岭上设置更多球洞，这样可以缓解球场的压力。在这一阶段，果岭外形设计更加细致。在过去的几年，推球区外形改革的步伐又似乎有所放缓。

总而言之，果岭就像雪绒花，尺寸外形各有不同。而限制它们的只有设计者的想象力。

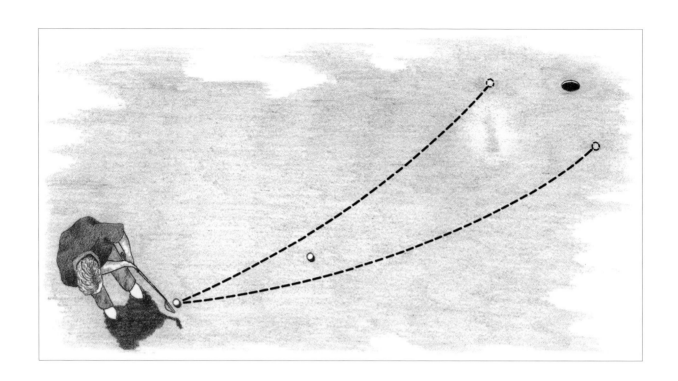

古老的妨碍球规则，给那些极富想象力的球手更多将球打进洞的机会。

当靠近推球区或者身处推球区，你多少可以喘口气了，因为危险都已经被你抛在了身后。但是要记住，虽然从物理角度讲确实如此，可是距离赢得好成绩还差很远。高尔夫由两部分组成：（1）将球从发球区打上果岭；（2）击球入洞。这两部分要求的技术完全不同，你只是发现自己还没有被困在果岭上。

职业巡回赛是20世纪50年代开始流行的，在这之前你要做的是怎样绕过对手设置在你球道区上的妨碍球，并击球入洞。只有在妨碍球出现在你的球周边6英寸的范围内才可以被架起。球场的记分卡以6英寸为单位，就是为了记录这个。虽然高尔夫规则不曾出现"妨碍球"这个词，但妨碍规则却导致了一些极端的比赛状况的出现，以及一些关于球手如何用劈起球越过障碍球的传奇故事。这一规则在1951年得以改变，当时要求对所有妨碍球的位置进行标记并将球挪走，只留下标记位置。现在，妨碍球只剩下理论上的概念了——但这并不意味着妨碍球的难度有任何变化。

　　从得分的角度，"击球入洞"与将球打上果岭同样重要，因为所有高尔夫球手都有一半的球是在果岭上完成的。虽然果岭上的击球距离很短，但要取得成功并不轻松。果岭上的成败与球场各处都不相同。如果你的长距离推杆没打好，至少还可以用一到两杆进行挽救。与此不同的是，如果短推杆计算失误，则意味着你可能要输球。果岭上几乎没有挽救的机会，期待奇迹的发生微乎其微。

　　1989年发布的研究报告表明了击球入洞的严酷性。这份报告显示，职业高尔夫球巡回赛球手因6英尺左右推球失误葬送比赛的占54.8％，3英尺推球失误的占83.1％。研究报告还表明，业余球手击球入洞的比例相当低，这并不让人惊讶。它说明，只有多了解果岭知识，出现机会的时候才能把握住。

　　在靠近果岭或是在果岭上准备击球的时候，你应该考虑的是地势变化和速度。地势变化指斜坡、起伏，以及推球区产生的其他三维特质。果岭的等高线不会变，但是球洞和球的位置会决定哪些等高线会对你产生影响。速度与草皮的情况有很大关系，如草皮高度、草坪的疏密程度、干湿程度、草的种类等。一天之中，草的情况也会有所不同。

未上果岭的时候，你应该考虑的是怎样将球打到球洞附近的位置，而不是击球入洞。你的球位、与果岭的距离、果岭的高度变化会要求你必须选择不同的球杆和击球方式。你的注意力应该更多地放在大多数地势特质和所有与速度有关的条件，因为在这种位置的击球选择明显没有比在果岭上推杆那么讲求精致。

在果岭上击球是整场比赛最为讲求精妙的一击，要么击球入洞，要么将球推到距离球洞最近的地方。此时，你需要对影响球路的地势和速度给予更多关注，因为其他条件都近乎理想：完美的球位、没有长草、沙土，以及其他影响一杆触球的因素；球的整个轨道也都铺设在球场内修剪得最好的草坪上。在发球区，规则允许你对一些重要的影响比赛的因素进行合理的调整。例如，你经常能看到专业选手给球做出标记后，把球拿起，仔细检查它的损坏情况（在征得对手的同意后，将之前击球过程中出现破损的球换成新球），擦干净，将球重新放回原来的位置，顺着推球的线路对准目标位调整。

无论是在果岭附近抑或果岭上，你都需要观察推球区的斜坡和灌溉系统，以及果岭周边的情况。你会发现许多果岭都是以三个不同的方向向下排水的。这一特点有助于你辨清果岭的等高线。

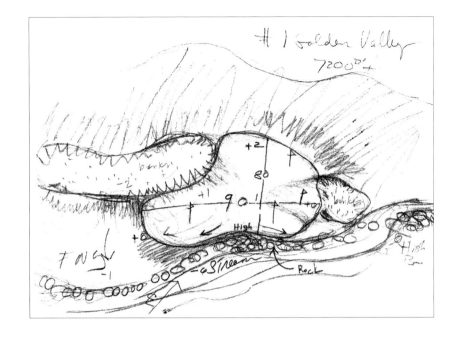

这是日本黄金谷高尔夫球俱乐部5个标准杆的1号球洞果岭构成的草图。

果岭的尺寸大小

对果岭大小的观察，有助于你了解果岭的地势变化。如果果岭小，那么地势变化也不会太大；如果果岭大，地势变化就不会太小。

当面对大果岭时，首先要观察它是不是由两个或多个"果岭"组成。这种由"小果岭"组成的结构并不常见。发现果岭的组成有助于你找到球洞的具体所在。这一点非常重要，因为如果你的球误停在了小果岭上，那么就极可能要完成三次推杆，甚至出现失误的情况。

从日本兵库县黄金谷高尔夫球俱乐部[1] 1号球洞果岭的草图上可以看出，推球区横跨了三个可以设置球洞的小果岭，而地势

---

[1] Golden Valley Golf Club

199

澳大利亚国家球场的5号洞和9号洞的双果岭之间由一个起伏变化的球道相连接。

变化凸显了球洞的具体位置。一片泥地将地势分成了两个平台结构，起伏的球道让球洞的位置更加明显。

　　虽然这种结构在苏格兰并不多见，但是圣·安德鲁斯老球场还是有很多双果岭结构。现在的高尔夫球场设计中，这种结构已经不多了，而硕果仅存的也只有苏格兰日内瓦高尔夫球俱乐部[1]和澳大利亚舒克海角国家高尔夫球场。所以在这里看到一个果岭上有两面旗也不要过于惊讶，只要你的目标准确就好。

等高线

　　成功登上果岭或者离开果岭的整个过程，都需要球手对果岭

[1] Golf de Geneve

的地势变化有所了解。等高线不同的地形层出不穷。以下我们介绍几种在推球区出现的基本等高线地形：斜坡地形（slopes）、平台地形（decks）、起伏地形（undulations）、碗状地形（bowls）、泥地地形（swales），隆起地形（humps）、高地地形（mounds）、山脊地形（ridges）和拱背地形（hogbacks）结构。

果岭上最常见的莫过于斜坡。每个果岭都有某种斜坡，有的角度很小，有些渐渐变化，有些陡峭异常。整个果岭的斜坡要么比较统一变化不大，要么变化幅度显著。最重要的就是斜坡倾角的角度。掌握它的最好方法就是将水从果岭顶倒下，观察水的流动情况，你就能了解果岭的斜坡走向了。

平台一般是指那些适合设置球洞的平面区域。平台与四周的地势变化相结合就形成了果岭。平台是斜面最小的区域，而斜面最大的区域就是一个平台到另一个平台的斜坡。如果你的球停在球洞所在的平台上，那么完成一个短距离或中距离的推球就可以了，这种球往往波澜不惊。如果必须穿过大坡度的斜坡到达平台，那么你就要反复勘察斜坡和平台的特点，这一点非常重要。

起伏地形是指那些带有高度变化的波形结构。平台一般会与大角度斜坡或起伏地形相连。一些果岭全部由起伏地形组成，基本没有平台出现。起伏地形在球场上属于比较难以估量的一种地形，因为其斜面对推球的距离和方向都会产生影响。

碗形地形是果岭上一块让人沮丧的地带。碗形结构的四周基本都是中等或大角度的斜坡。从果岭其他区域将球推入碗形地形，球需要适应下坡带来的速度变化。相反，离开碗形地形，你需要以足够大的力量来适应上坡变化。碗形地形一般用于地势低

当遇到地势变化的地形时，你需要仔
细观察球洞附近的变化，以确定推杆
的打法。

洼的球洞区域。

泥地一般是那种低洼、曲折的槽型区域，一般坡度比较平缓。这种地势变化较小的结构往往容易被我们忽视。泥地一般延伸到果岭边缘，对灌溉起到很大作用，但往往不是球洞所在。

最后说到的就是隆起、高地、山脊和拱背地形。这些凸起地形的大小、风格和角度高低各有不同。当它们出现在推球区时，你就要进行细致分析了，因为它们的上坡、下坡和斜坡结构都会对你的球产生影响。

这些等高线不同的地形，几乎很难有相关知识可以进行同类类比。你需要尽可能地在这些场地不断进行练习，从练习中仔细观察它们对你击球的影响，以便形成一种手感。

如果不在果岭上，那么也应该考虑到高度变化对球杆选择和击球选择的影响，当然还要考虑球洞的准确位置。这样的考虑可能会让你选择一种独特的击球方式。设想一下，当发现球洞位于起伏地形上，而它的底部几乎就在脚下，你打算选择以低飞球的方式将球打上起伏很大的果岭。但是地形起伏之大，让你不得不重新考虑球杆和击球的选择，进而使用高吊球将球越过起伏地形打上平台，这样就可以避免起伏地形给低飞球带来的不可预料的影响。

而如果球的轨道距离较远，你就要研究球和球洞之间整个区域的地势变化了。你会发现了解球洞附近和球洞上方的地势变化是十分有用的。举例来说，你打算用一个长距离推杆球通过起伏变化很大的地势，抵达山顶球洞的位置，如果你击球用力过度，球多运动了5英尺左右，那么它就会滚落到15英尺左右的下坡位

卵石滩3个标准杆的7号球洞，通
过对比前后照片，我们发现果岭经
常会在几年的时间内发生改变。

置。而在这种位置，要想打一个上坡推球就相当难了。许多球手只是将注意力集中在了起伏的地势上，但却忽略了球洞周围和球洞后面的地形。而对这种球洞附近的地形，你只要稍加观察就会发现，其实往往一个短距离的推杆就能搞定，就算是最坏的情况，也只是两个简单推杆就能完成。

在每一轮比赛前，你通常都有机会去提前观察其他果岭的特点，获取许多球洞和地势变化的相关信息。你一定要利用好这些容易被忽视的机会。

速度

此处的"速度"指的是球速下降、缓缓停在果岭平台上所需的时间。从技术角度上讲，它是果岭球速仪（Stimpmeter）的读取术语。果岭球速仪是乔治·斯蒂普（George Stimp）应美国高尔夫球协会的要求发明的一种测量装置。这种装置是一个3英尺长的金属凹槽，球通过这个凹槽滚落到果岭平台。一般情况下，较慢的果岭运动距离在7.5英尺左右，中等程度的在7.5~10英尺之间，而较快的则在10英尺以上。

不幸的是，这种设备并未得到广泛应用。其实在球场上除了赛场负责人，很少有人知道这个设备有什么用，因为它本身会受到诸多因素的影响，如风向、日光、温度、雨水等等；即使你能测到准确的数值，也似乎对你帮助不大。因为你不得不自己重新感受果岭的情况，到底是快、是慢，还是速度中等。

赛场负责人主要是通过对赛场的维护来确定球洞区速度。负责人只需通过刈草、灌溉就足以影响速度了。如果当天的草割得

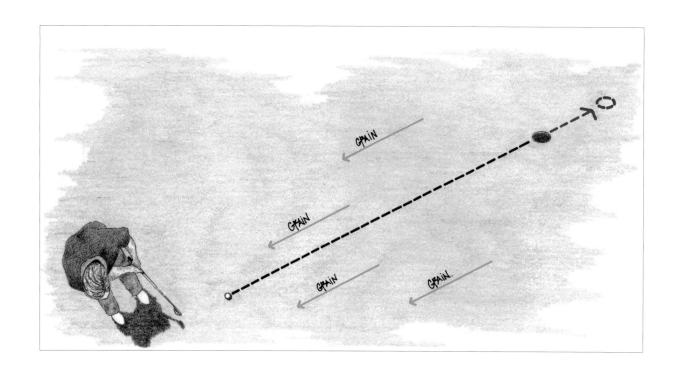

要克服草坪纹理地形带来的影响，击球时需尽量加一点力击球以缓解草坪的阻力。

较短，速度自然就要比长草快。灌溉对球的影响主要是草的湿度大小和软硬程度的变化。天气也一样会影响速度。雨水、雾气、晨雾造成的潮湿，都会降低速度；当然草越干，速度越快。

草坪有两种性质会影响速度：纹理和阻力。当叶片向与推球区地面呈水平方向生长时，草坪就会有纹理影响。阻力就是指推球区的草坪需要多长时间才能让球停下来，这与一系列因素有关，其中就包括草的纹理、高度、质量、种类。

让我们来假定一些相关的例子，你就会对纹理的概念有所了解。假如你身处一个10英尺长、铺着百慕大草的推球区，而这个推球区现在没有纹理影响因素。在多次尝试后，你掌握了击球入洞最适合的速度。现在，纹理发生改变：所有叶片变为向你的方向水平生长。要想击球入洞，你就必须在击球时多加一点力；反之，如果纹理方向与你相反，那么你击球时就需要用力稍缓一些。

草的纹理可能与你的推球方向成各种夹角。一旦你掌握了草的纹理走向，你就可以轻易地预判到它对你击球的影响了。但问题是，草坪的纹理往往不那么容易判断，而且其细微的影响也不是那么显而易见。推球机实验的结果往往是将重点放在那些难以预见的纹理特性上。

实验中的机器被称为"托滚机"（Tru Roller），这种机器能够让球以完美的方向、完美的速度完成推球滚动的过程。当推球机在球洞外12英尺处某点打出推球，球都会以完美的路线直接进入球洞，在特定纹理的草坪上推球稳定，几乎不会失误。但是当重新对草坪进行调整，改变纹理后，推球机的准确率就下降到了只有70%左右，这让很多旁观的高尔夫专业球手认识到：纹理对推球球路是个很重要的因素，并会对最终结果产生很大影响。职业巡回赛球手在6英尺距离的推球中只能打出54.8%的命中率，再次说明草的纹理影响很大。

松树湖高尔夫球俱乐部是日本关西地区第一个开发百慕大草果岭的球场，不过现在百慕大草果岭已经很常见了。

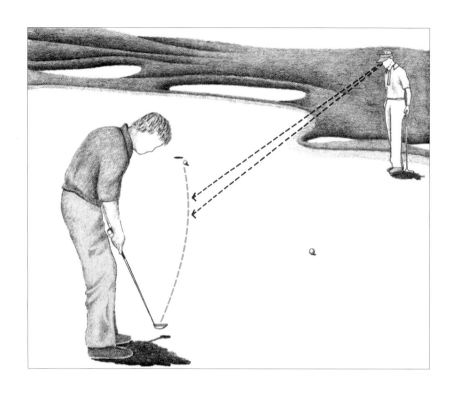

通过对同伴推球球路的观察，能够让
你对果岭有更好的感觉。

对草的纹理产生有效感觉的最好方法，就是试验和训练。如果发现有些果岭的纹理无法辨识，或者草坪的纹理方向恣意，也不要吃惊。很多果岭草坪都有自己的特性。

判断纹理的方法有很多，但是没有一种是万无一失的。其实最好的方法可能就是考察球洞周边的情况。如果一侧的草较薄，另一侧的草却长得很高，那么多数情况下，草的纹理都是从草厚的方向向着草薄的方向。一般常识中，草是向着太阳，背着山脉生长，纹理方向与推球区的灌溉方向相同。当然，颜色和阴影也是判断条件之一。一块阴暗、灰暗的草坪通常意味着草地纹理与你相背；而一块有光泽、颜色较深的草坪说明它的方向与你相对。

草地纹理和阻力特点

气候决定草地类型。在有些地区，气候变化很大，而当地的解决方案就是过量播种或采用双果岭系统，日本和韩国现在就采取双果岭系统。在双果岭系统中，一个果岭会种植百慕大草以满足凉爽气候的比赛条件，一个采用贞女草以适应温暖气候的赛季要求。当今时代，草皮不断革新，农业技术不断变化，很少有新的球场再采用这种方式了。

接下来介绍的这部分草种在果岭范围使用颇为广泛。我会描述一些其影响比赛的特质。如果你对草种不确定，可以咨询专业选手、场地负责人或其他同伴。

常绿草是一种在凉爽气候使用的果岭草。这种草普遍向上生长，纹理不大，其叶片较细，阻力也不大。这种草修剪方便，高度较低，所以球速较快。

百慕大草是一种热带草种，叶片较常绿草粗。这种草在温暖气候的果岭比较多见，其特点是长得快，阻力中上。这种草有横向生长的倾向，其纹理很明显。百慕大草高度较低时，纹理影响不大，球速较快。但是它很难像常绿草一样保持在较低的高度，所以百慕大草果岭一般比常绿草果岭球速要慢。在以百慕大草为主的地区，如闷热、潮湿的美国东南及热带地区，设计者喜欢在果岭当中加入更多高度变化，以缓和百慕大草带来的减速效果。

细牛毛草是一种细叶凉爽气候草种，叶片较硬，阻力较大。这种草纹理不定，多以丛生为主，其方向也多种多样。这种草一般修剪的高度较高，很难保持在常绿草一样的高度上，所以细牛毛草果岭球速也较慢。

一年生蓝草（或者叫一年生早熟禾或早熟禾）是一种凉爽气候草种，比常绿草和牛毛草的生长都更加旺盛。一年生早熟禾具有浓密、茅草多的显著特质，能产生白色种球。果岭区早熟禾的叶片阴影较牛毛草和常绿草浅一些。在修剪之后，这种草比常绿草和牛毛草长得都快，而且相对高度较高，阻力也大。如果果岭上的草坪混合了早熟禾与其他草种，那么推球区必然杂草丛生、颠簸不平，而球也很容易脱离预定轨道。一些球场负责人试图控制或是减弱一年生早熟禾的"不和谐"情况。而另一些人——以加利福尼亚州斯坦福大学高尔夫球场为例——试图只在果岭上种植一年生早熟禾，这样至少果岭区域的草种是一致的。

结缕草（也叫贞女草）是一种温暖气候的草种，主要种植于日本的夏季果岭上。结缕草叶片粗而厚，阻力很大。这种草的纹理作用对球的影响也很大。冬天，它会进入休眠期，所以只在温暖的季节中使用。

很多果岭都经意或不经意地混合了两三种甚至多种草种，而这些草种的纹理和阻力也各有不同。这种情况在一年生早熟禾与常绿草、牛毛草混合时最为常见。因为早熟禾一旦成型，其在修剪后的生长速度要明显快于常绿草和牛毛草，所以这种生长率的不同会导致纹理和阻力对球的不同影响。了解这种不和谐的情况是十分有必要的，这样你就能发现草种的不同，从而判断其纹理和阻力情况了。

球痕和鞋印

球痕一般是指推球区切球留下的印记。在靠近球洞时，球痕是非常关键的，因为一个未修补的球痕可能会造成球的弹跳，滚离既定路线，甚至是推球失误。高尔夫球规则允许球手修补果岭上的球痕。这种修补是以提高推球成功率、保证果岭质量为前提的。修补球痕的同时，你会对推球区的情况有个新的认识，这种认识特别表现在球速方面。如果细心观察，你踩在果岭上留下的鞋印同样会给你一些提示。

鞋印指的是你的鞋钉在草皮上踩过留下的痕迹。鞋印由鞋钉洞和后跟印组成。根据规则，这种印记在击球前不能进行修补。对鞋印的了解同样能帮助你打出更好的球。你需要像了解纹理和阻力一样了解鞋印：确定它们对你的球路的影响，并根据具体印记调整球速和球路。

观察果岭上的击球

观察切球在果岭上的滚动情况，特别是那些靠近球洞的球。通观球的整个运动情况，你能对场地的高度变化和速度情况有所了解，从而为下次击球做好准备。同样的，观察其他球手击球入洞的情况也是为你的下次击球做准备。特别要观察的就是球手在推球和击球时，球与杆的接触情况。如果其他球手全力击球却击球失误，那么这种球的信息就没什么太大的价值了。

推球贴士

我们中的大多数人第一次打球的经历都是来自迷你高尔夫。如果球手手握推杆毫无畏惧，那么为什么球手会将失误都归罪于推杆，为什么推球失误会让球手诉诸运动心理学家呢？或许是因为球场上的这部分动作受体力影响不大，却要求球手格外镇定和精力集中吧。

在职业生涯后半段，本·霍根仍然能够完美无瑕地将球从发球区打上果岭，但是面对最后的推球往往一筹莫展。当被问到这个问题时，霍根总会说"高尔夫是个游戏，但推球完全是另一回事"。

推球失误时，球手经常会埋怨自己的推杆，它们不得不为此负责。1992年美国公开赛首轮在卵石滩举行，当时的职业高尔夫球手肯·格林（Ken Green）记述道，"我的推杆又不正常了。"在以三个3推杆和一个4推杆完成果岭后，他总结道："我已经与推杆道过别了，我要将它扔到太平洋里去。一般情况下，我只是对表现不好的推杆置之不理而已，而这次我实在受不了了。"我想大多数人都有过同样的境遇，那么下面的一些推球贴士希望能对你有所帮助。

在大于30英尺的推球中，你的首要目标是将球打得靠近球洞。当然，首先你要确定的是球离球洞有多远，而最简单的方法

右页：
本·克伦肖（Ben Crenshaw）是伟大的推球手之一。他曾表示速度是推球成功的关键所在。

就是用脚步去量一量。第二，要对果岭的高度变化和速度影响因素做整体了解。你可以将果岭整个走一遍，了解球路周围的相关情况；确保你的行球路线可以将球尽量靠近球洞，以不超过1英尺到18英寸的距离为宜。

如果你在果岭练习区多花些时间进行长距离推杆练习，你一定会有意外收获。高尔夫球手如果能够体验到不同推球距离的手感，如以10英尺为增量单位，分别熟练30英尺、40英尺、50英尺、60英尺等的距离，那么他在比赛中就占有绝对优势。

面对10英尺以下的推球，你要对细微的高度变化和速度变化格外关注，才能保证球不失误。在球洞附近，弯腰仔细观察球周围坡度的细微变化会对你有很大帮助，而且很多专业球员也都在使用这种方法。中等距离的推球要求你考虑问题更全面，重点更集中。

从建筑学的角度看，推球区是球场上雕琢最为细致的一块区域。设计者花了大量的时间和精力来规划和改善果岭以达到其想要的效果。每个果岭都有自己的精妙和挑战，你可以运用以上原则在实践中加以理解。但推球这个动作，就是另一回事了。

推球与画画一样注重个人主义：每个人的击球都有所不同。而关键还在于结束这一下——击球入洞。成功没有模板，你必须找到适合自己的球杆和击球方式。一旦找到了属于自己的，你就要摒除杂念，果断为之，将注意力集中在球上，找到合理的击球路线和适合的球速，完成击球。

本·克伦肖一直被认为是最伟大的推球手之一，他成功的心理学很简单："我的推球没有什么秘诀，"克伦肖说道，"我就是专心击球。情况也无非就是入洞和失误两种而已。"

错觉与风向

8

隐藏在里维埃拉乡村俱乐部4个标准杆3号球洞果岭前端边缘的那个大面积的正面型沙坑，让许多球手在切球时做出了错误判断。

前页：
科罗拉多州拉克丝巴拉夫公园箭头高尔夫球俱乐部[1]4个标准杆的10号球洞，其果岭位于山谷之中，而果岭后方就是绵延的山脉。在这种情况下，球手很难确定准确距离。

---
[1] Arrowhead Golf Course

1990年，在梅迪纳高尔夫球乡村俱乐部举行的美国公开赛上，一天我正在球场上闲逛，一个朋友问道，"鲍勃，看到球道区右侧的沙坑了吗？你觉得它离果岭有多远？"我回答大约有30码。他转过身惊讶地看着我问道，"你是在开玩笑吗？它紧靠推球区，我估计不会超过5码。"我的朋友说对了一部分，我们身处球道区，而沙坑就在果岭前方。当我们来到沙坑附近，我向他解释了设计者制造这种错觉的一些基本技巧。还没等我解释完，我们就已经走到沙坑区了，实际距离就是30码。

这种看似简单但颇有效果的设计，是在视觉上构成将沙坑的远端或者说上端与推球区边界平行的效果，而球手在远处进行切球的时候会误以为两者是连在一起的。这样，沙坑与果岭间的区域就被隐藏了起来，自然就会产生果岭与沙坑是连在一起的错觉。这种错觉会让球手错误地估计距离，从而选错球杆。

以这样的方式隐藏区域是设计者惯用的伎俩之一。这种情况在很多地方都会出现，例如球道区的泥地和水障碍、果岭区的平台。其目的只有一个：造成球手与既定目标的实际距离较近（有时则是较远）的错觉。

乔治·托马斯（George Thomas）是运用这种技巧的专家，加利福尼亚州太平洋海崖里维埃拉乡村俱乐部就是他的杰作。他在很多果岭和正面型大沙坑之间隐藏了许多区域。在里维埃拉球场的这些区域多以克育草泥地为主，往往让球手进退两难，因为在这种地形上滚动和弹跳都格外困难。这里的3号、4号、12号和16号球洞就是典型的例子。在一年一度的洛杉矶公开赛上，你经常会发现职业巡回赛球手不敢相信球没有上果岭，他们还会询问球童球上哪去了。

在斯塔·艾拉娜高尔夫球俱乐部[1] 3个标准杆的14号球洞，右侧高地隐藏着一个沙坑，这个沙坑挡住了后方的果岭，球手很难发现。

马尼拉附近的斯塔·艾拉娜高尔夫球俱乐部155码3个标准杆的14号球洞，就是这种技巧的典型应用。这里的球道区两侧有两个相对的高地，而且两个高地离果岭都不远，这使得果岭只有中间部分是清晰地暴露在外面的，看起来就像个狭窄的山谷。果岭在高地之后，让球手完全不敢相信这个洞只有155码而已。

这种错觉是一种对视觉的误导——一种实际物理特质与其表象的巨大反差。给人印象最深刻的错觉就是月径幻觉。一轮满月在地平线上显得比挂在天空上大，而实际上无论其位置在哪儿，大小完全相同。要印证这样的错觉，只需将记分卡卷成筒形，观察地平线上的月亮，让它刚好能把筒填满，然后再以它观察天空中的月亮，情况就一目了然了。常有人说这种情况是由于大气层会使地平线上的月亮放大，其实这也是一种误解。

---

[1] Sta. Elena Golf Club

与此相似，高尔夫球场上的错觉也是让球手感觉目标比实际距离近或者远。下面我们一起讨论一下为何高尔夫球场是一块这么盛产错觉的沃土。

高尔夫的距离难题也是比赛的一大特色。不仅需要完成长打，使球落在一片较小的区域，而且所有的球场大小不一，没有统一的规格标准帮助我们在比赛中判断实际距离，这与棒球、橄榄球、足球和其他一些项目完全不同。场地周围几乎没有参照物或是引导物（即使有，也是寥寥无几），可供高尔夫球手根据其确定现在距离目标是170、180，还是200码——这可是1~3杆的区别啊！

我们的近距离判断主要通过双眼并用"双眼视觉"来完成，而远距离的判断，双眼往往很难胜任。正如一位科学家所说，超过20英尺的远距离判断就要通过单眼（单眼视觉）来完成了。这一点，我们自己就可以用单眼目测远距离的目标来加以证实。

单眼目测距离的主要依据之一还是依靠尺寸的大小。假如有两棵树距离我们有一定的距离，它们大小相同，我们就会认为看起来小的那棵树距离较远。相关尺寸总会用在高尔夫球场上制造出错觉。高大的树一般会放在球道区较远的位置。这会让球手对高树和矮树之间的距离做出错误判断，并错误估计从击球点到高树的距离。

有些时候，设计者会诱使你将注意力集中在地形的前端而忽略远端。为了达到这一点，设计者经常会扩大近端区域或者让其显得尤为突出，而弱化远端区域，甚至让其几乎看不见。以狗腿洞拐角的沙坑为例，设计者经常会诱使你直接将球打过沙坑来缩短进攻距离。在这时，近端会显得尤为突出，从而诱使你

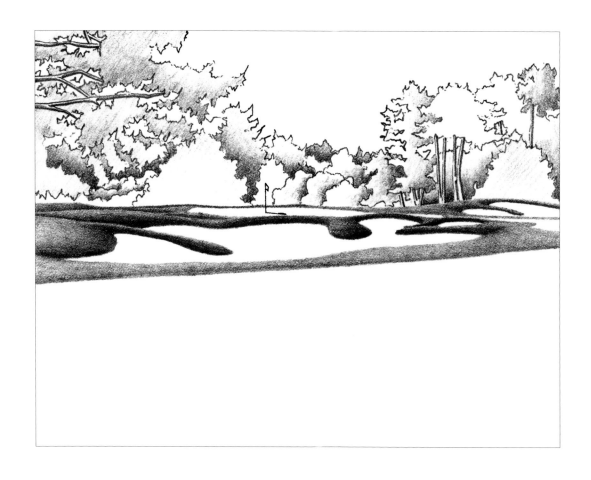

沙坑、树木，以及果岭后面的开阔区
域，让加利福尼亚州旧金山高尔夫球
俱乐部[1] 4个标准杆的15号球洞看起来
比实际要近一些。

---

[1] San Francisco Golf Club

忽略了远端区域。如果事情这样发展，你很容易错估距离从而掉进沙坑。

设计者同样会用突出的地形来吸引你的眼球，从而产生错觉。以威斯康星州斯蒂文斯波恩特哨兵世界高尔夫球俱乐部[1] 166码3个标准杆的16号球洞（这个洞被称为花洞）为例，从图中你可以清晰地看到我们是如何利用明亮的鲜花将球手的视野吸引到地形前端的。另有些时候，设计者将景物设置在远端较近的位置，以减小地形的视觉尺寸，使目标区域显得比实际距离更远。

有些时候，设计者会用其他策略来给你的狗腿洞增加难度，尤其是那些能够轻松越过的狗腿洞。一般情况下，设计者都会在狗腿的拐角处设置一个突出或者醒目的沙坑，而沙坑的远端几乎遮挡住了落球区。如果你估计错误，往往会在狗腿附近绕远，因为设计者经常会让选手产生落球区较窄的错觉。由于这种手段运用广泛，所以遇到狗腿洞附近有显著地形时更要格外注意，它往往用于遮挡落球区。

通常情况下，设计者会将狭长的沙坑，废置区或者水域设计在球洞周边，以使球手产生球道较长的错觉。皮特·戴伊是这种设计的专家。戴伊魔术般的幻觉设计在加利福尼亚州棕榈泉观澜湖黛娜海岸高尔夫球场367码4个标准杆的12号球洞上体现得淋漓尽致。在这里，水域遮挡了球道区左侧末端的球洞。

我们之前谈到过，树的设计也很容易让人产生错觉。将树木种植在球道区两侧，能让球手觉得落球区明显变窄，而实际情况

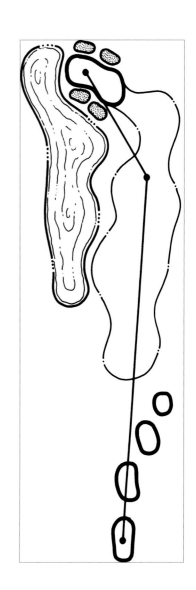

加利福尼亚州棕榈泉观澜湖黛娜海岸高尔夫球场[2] 4个标准杆的12号球洞旁，一片细长的水域让整个球道显得很狭长。

---

[1] Sentry World Golf Course
[2] Mission Hills' Dinah Shore Course

却并非如此。以法国格勒诺布尔高尔夫球俱乐部470码4个标准杆下坡处的18号球洞为例，球洞区发球区的两侧是两行高大的树，但在专业球手发球区200码外的左侧树就没了，这样的整体设计使球手在发球区观察落球区时会误认为其比实际尺寸要窄。

要特别注意球场上高大的树给你的错觉。当它们被设置在果岭后时，通常是引诱你在切球时打出短球。从心理学角度讲，球手经常将注意力集中在如何将球打过树木障碍，这样反而会使球手选择的球杆型号过小。此外，如果眼前的树木比球场上其他的树或是你见过的树都高大，这会让你误以为果岭的距离比你想象的要近一些。果岭后边紧贴的高大山脉也会产生同样的效果。

大学时期，在俄勒冈州尤金乡村俱乐部举行的美国大学生体育协会冠军赛（NCAA championship）上，我就当过这种树木错觉的牺牲者。当时我一直在新泽西州打球，从没见过这里这么高大的树，而且很多树都是直接种在果岭后方的。我第一轮的很多切球都有些短。而当真正意识到这些大树的作用其实是要误导我认为果岭的距离较近后，我马上调整了自己的比赛节奏。

同理，如果你不加以注意，球洞旗杆的高度也会让你产生一些难以挽回的错误判断。旗杆高度在世界各地有很大不同——美国是7英尺高，而英格兰岛海滩球场的只有5英尺，因为那里风大，太高就很容易吹折旗杆。尼克·菲尔德曾经谈到过避免错估码数的一些方法，那是他在完成了从美国到英国的一连串比赛之后的事。在我的英国之旅中，我一直提醒自己短旗杆的存在，这样我才不至于过高估计码数。

在众多树木和旗杆高度的影响下计算码数的复杂性，似乎印

左页：
在哨兵世界球场3个标准杆的16号球洞，发球区和果岭之间构建了一片美丽的花坛，将球手的注意力完全吸引到了地形的前端。

225

回顾格勒诺布尔高尔夫球俱乐部4个标准杆的18号球洞，从发球区角度看，这里的落球区比实际上要宽。

证了我之前关于肉眼测距困难的说法。或许没有人，甚至包括菲尔德自己，能在不借助树木旗杆之类的参照物的情况下，自信地用肉眼判断出码数。

同样，最具欺骗性的就是缺乏参照物的空旷果岭。如照片所示一样，普伊普海湾高尔夫球胜地334码4个标准杆的8号球洞就是典型的一例。缺少参照物，很多球手都会低估果岭的距离，从而造成切球的距离较近。在日常生活中，如果距离超过15码或者20码而没有参照物，就很容易低估距离。我认为球手低估距离的原因主要是他们不习惯考虑150码以外的事物，特别是在高尔夫球场上。人们似乎都偏向于认为事物的距离比它们实际上要近。

在第五章我们已经讨论过了水障碍。水障碍表面平滑，完全没有参考物，也会让距离难以估量。在这种环境下，球手也会做出错误估算。

　　地势从发球区向果岭不断爬升，球手面对的错觉也在发生变化。因为爬升的地势没有明显的断层，许多球手都会因地势变化产生错觉，误以为目标距离很近。望远镜山441码4个标准杆的13号球洞就是一个典型。许多球手错误估计了它坡度的稳定性、高度的变化，从而误用了短球杆。同样的情况，也发生在经常举办美国公开赛的纽约州罗切斯特市橡树丘乡村俱乐部[1] 594码5个标准杆的13号球洞[2]区。

　　下坡洞同样会让选手产生错估距离的情况（如我们第二章讨论的一样）。图片中是普林斯威尔马凯球场海洋九号球场的3号球洞。这个下坡3杆洞下方有片水域，让球手在比赛中很难判断实际距离。虽然记分卡上显示这个洞从专业发球区计算约165码左右，但是由于下坡的角度较大，安全起见，球手还是倾向于击打短球。如果遇到特殊的背风情况，球洞给球手的感觉比实际距离还要远些。

　　高尔夫传统中，山上的果岭地势普遍是与山势相依。这当然是大多数情况。不过也有一些特殊情况需要我们格外注意，以免被错觉迷惑。整个果岭区都是顺势向下，但果岭可能会突然呈现为平台，就像平台果岭突然产生斜坡一样。

　　你还会碰到一些比较常见的错觉。如果能够对错觉足够敏感，认识到它们是比赛的一部分，那么你会在场上立刻戳穿这些错觉带来的假象。

---

[1] Oak Hill Country Club
[2] 该球洞也被称为"名人丘"（Hill of Fame）。

怎样做才是处理错觉的最佳方法呢？你首先要假想自己是个职业飞行员，自己的经验足以应付眼前的一切。飞行员一般都要反复检查自己驾驶舱的仪器，他要做的就是依靠它们的指示，起飞完成飞行计划。这个方法同样适用于高尔夫，你要信赖自己的"仪器"——码数表、记分卡、路线图、距离标志，以及所有有利条件。举例来说，就是走过球道区的边缘，爬上长草区的高地或者斜坡，或者走过沙坑附近的爬升区域，这样你会比其他人获得更多有用的信息和优势。更多类似的勘察工作能够让球场内更多的秘密暴露在你眼前。

为进一步证明飞行员理论，我用一项针对20世纪60年代所有类似飞机失事的研究来说明误导的视距所带来的严重后果。在这些案例中，飞机在晴朗的夜空中越过黑漆漆的水面准备降落，黑漆漆的跑道映衬着伸向空中的城市灯火。所有的飞机都冲出了跑道，因为这种情况下飞行员往往会忽视身边仪表的指示，高估自己的飞行高度。当把这些条件都输入到飞行模拟器中后，试验的结果显示，经验丰富的飞行员往往会依赖视觉进行距离判断，从而造成"机毁人亡"，几乎无一幸免。

天气和地形条件是影响比赛的另一种因素。众所周知，球在高海拔地区比在低海拔地区飞得更远，而温度高低和湿度高低的变化也会对球产生影响。不过一般而言，风向才是最重要的影响因素，所以我们还是要来讨论一下这个"隐形障碍"。

实际上，在我的设计中，风力因素都会被考虑在内。我们在设计之初都会对当地的场地特质、季节变化和暴风类型进行考察。这个考察的结果自然会影响到球场路线的设计和地形的设置。如果该地区盛行东风，我们就会设计斜坡球道区以减弱风力影响。同样我们也会将果岭设计为从西向东倾斜以平衡东风的影

左页：
由于缺少可以辨别的背景，在普伊普海湾4个标准杆的8号球洞切球，经常感到目标距离比实际的要短。

229

响。在这种情况下，我们一般不会在场地中设计一个450码4个标准杆的盛行风球洞——这太长，太困难了。

设计时，要考虑的因素众多，因为除了盛行风以外，季风和暴风还有可能来自其他不同的方向。以佛罗里达州维拉海滩温莎高尔夫球俱乐部172码3个标准杆的12号球洞为例，这里的设计就将盛行风和暴风都考虑在内了。在这里，盛行风与球的运动方向相反，且向左45度侧偏。为了缓解这两类风的影响，我们将果岭设计成从八点钟方向向两点钟方向倾斜，并在左侧设置一片开阔的区域。下面的图片就展示了这一特点。还有一种极少数的情况，风也是与球的进攻方向相反，但是向右侧偏45度，这就变成了一个球洞设计配合盛行风的球洞了。由此可见，在有风的场地中将风从一个非常规的方向吹来考虑进你的比赛策略中，也是你要做的。

一般来说，有四种类型的风需要注意：顺风（tailwinds）、逆风（headwinds）、侧风（crosswinds）和尾舷风（quartering winds）。每种风都会以不同的方式影响你的球。

顺风从你的背后吹来，与你的目标方向一致。在顺风的情况下，球的旋转效果会被削弱，左曲球、右曲球都会变得很困难。同时，顺风会让你的球飞得更远，特别是起高球的时候。

逆风与你的目标方向相反，会加强球的旋转，增强右曲球和左曲球的旋转效果，球会划出一道轻盈优雅的轨迹，当然飞行距离也会变短。在这种情况下，尽量考虑使用倾角较小的球杆，击打低轨道球。再有，就是不要让强烈的逆风使你的球过度旋转。

230

侧风是从垂直方向吹来的，它会让你的球左偏或右偏。此处的挑战在于判断侧风的强度，它对球能够造成多大的左偏或右偏。这样，在击球的时候就可以进行调整，借着风势矫正方向让球更稳定地飞向球洞。

尾舷风以一种特殊角度倾斜地吹向你，影响你的球路。在这种情况下，你要将顺风和侧风的因素考虑进来，调整击球的方式。

在有风的情况下，你要像下棋和打台球一样多考虑下一步的情况。首先应该确定风对你击球的影响，并对下一杆击球有所预判。这种判断可能会让你改变预先的击球想法。举例来说，当你准备靠近果岭，发现它的右侧有沙坑防守，而左侧"防守薄弱"时，通常情况下，左侧是条不错的进攻路线，因为那里留给球手下一杆攻上果岭的回旋余地比较大。但是现在场地上刮起了从左向右的强侧风，此时从右侧沙坑区进攻果岭会更容易，因此你最好的选择就是将球打向右侧。

在推球时，你也要仔细考虑风向条件的影响，强风同样会对推球产生影响。多在这种条件下进行练习，锻炼自己的判断力，能让你培养出在风中的推球技巧和经验。

如果你置之不理，风一定会让你后悔的。记住，在有大风的恶劣天气下打球，每个人的杆数一定都会增加。好好享受吧，在心里给自己增加几杆，而且还要记住那句久经验证的老话："有微风，旋转快。"

墨西哥卡波圣卢卡斯的卡博里尔高尔
夫球俱乐部[1] 3个标准杆的4号球洞发
球区，面对的是一个地平线背景，这
让球手难以判断。

---

[1] Cabo Real Golf Club

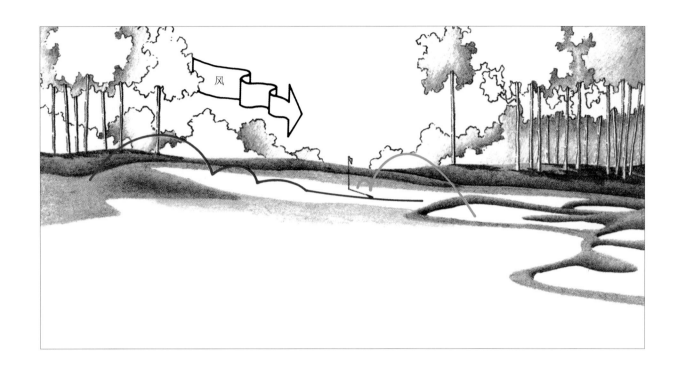

风

在风中打球，沙坑或许是个不错的
选择，虽然在平时这都是不被考虑的
选择。

左页：
普林斯维尔马凯海洋九号球场3个标准
杆的3号球洞，一个超过7英尺左右的垂
直下落让球手对球杆的选择异常困难。

完美的建筑设计

9

在圣·安德鲁斯老球场3个标准杆的11
号球洞，你的短击技术[1]将会受到严峻
的考验。

前页：
澳大利亚国家球场左侧狗腿洞5个标准
杆的13号球洞，球场本身的地形结构和
记分卡上都提示你要躲开雷氏溪涧。

———————————
[1] 指100码内的击球，包括扑球、沙坑
球、推杆等。——译者注

238

之前我们已经了解了一些提升成绩的关键因素，现在让我们一起建立一套完整的策略来应对经典球洞的挑战。古老的球洞很少有特殊的设计，但这些球洞设计却为我们现代设计师提供了很多借鉴。

有些时候，作家和历史学家经常会给不同风格的建筑贴上类型标签，而这在我看来几乎不可能。设计师都有意无意地从这些值得崇敬的老球场中借鉴许多。美国早期的设计师，如查尔斯·布莱尔·麦克唐纳和唐纳德·罗斯就对古老的英国球场做过大量的绘图记录。而且，自然环境的特点对球场的整体设计风格会有最直接的影响。即使是世界顶级高尔夫球设计专家也很难比较出自同一设计者的两座杰出球场的差异，因为很多卓有成就的设计者都跟我有同样的理解，"以自然景观为准"，因地制宜。

下面，就让我带你做一个想象之旅，介绍一些我个人比较欣赏的球洞设计。我们置身球场外，感受它周围的环境，以当天的实际情况来制订我们相应的比赛策略。晴空万里，阳光和煦，场地散发着迷人的诱惑。让我们一起在比赛中检验你新学到的知识吧。

古老的球洞

圣·安德鲁斯老球场，172码3个标准杆的11号球洞

平坦的老球场，朴实无华，脆弱的防线，怡人的景观，充满神秘的色彩，富于皇家与贵族气息。它的3个标准杆的11号洞集以上特点于一身，位于一个爬升结构的低矮果岭上。果岭正前方

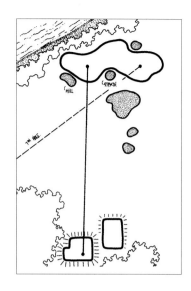

横跨七号球道区的河谷和山地沙坑看似平淡，但这个洞给球手增加了很多挑战。

是幽深的谷地沙坑（Strath bunker），左侧是一个山岭沙坑。击球前还要考虑到伊甸园河口各种不同的风力影响，然后再将球打向推球区。如果不幸没能落在推球区，就开始为受惩罚做准备吧。

这个球洞紧挨着河谷沙坑后方，沙坑像极了吞噬一切的龙吻，一旦击球失误球就会直接打进沙坑。只有圣·乔治[1]（Saint George）才有可能顺利逃脱这地狱般的障碍。果岭左侧的山地沙坑难度相对较小。1921年英国公开赛第三轮，伟大的鲍比·琼斯前九洞打出了46杆，但之后却发现自己陷入了山地沙坑里。看到自己可能要"6杆"才能打出沙坑，他感叹道："有什么用呢？"，直接拿球走出了球场。

整个区域看起来最安全的地方就是果岭背后光滑如镜的下坡区域。让球手感到安逸的这片区域实际上印证了幻觉对于爆炸击球所起的作用——下坡切球，球会加速滚过球洞掉入沙坑。在果岭之上，三次推球足矣，即使对于那些已经有些气馁的球员也够了。生活是艰辛的，苏格兰的高尔夫球场也证明了这一点。在这里你会发现高尔夫球的真理，命运和运气一直伴随着你。避开球场辉煌的历史不谈，这座老球场现在也一直经历着时间、技术和世界上最伟大球手的不断考验。

北贝里克高尔夫球俱乐部[2]，192码3个标准杆的15号球洞

"凸角堡"球洞[3]（Redan hole）对后代设计师的影响很

---

[1] 基督教传说中的"屠龙"勇士。——编者注
[2] North Berwick Golf Club
[3] 原始的"凸角堡"球洞得名于19世纪克里米亚战争一种防御工事的样式。这是一种3杆洞，果岭位置与发球台之间为45度，从右前方向左后方倾斜。前面有一两个沙坑做掩护。——编者注

大，整个20世纪以来，设计师一直广泛运用其对角线果岭理论。最早的"凸角堡"是克里米亚战争中赛巴斯托波的一座幽深狭长的壕沟。而这个被冠以"凸角堡"的苏格兰北贝里克的球洞对球手比赛的战术要求每天都会不同，这是因为它特殊的地形构造，幽深叵测的沙坑和不断变化的风。从右前端向左后方对角线方向，地势逐渐下降，造成对旗杆的可视范围有限。果岭的左侧有一个深深的沙坑，而右侧有若干小型沙坑。

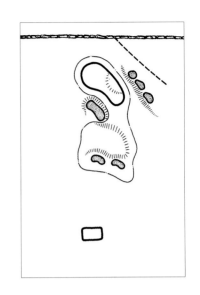

最早的"凸角堡"球洞是苏格兰北贝里克3个标准杆的15号球洞，其对角线型果岭前后都有大型障碍。

在这里，球杆的选择必须准确（通常，从果岭前到果岭后的进程中都要准备额外的球杆），冒险击球在这片推球区并不适用。许多球手都会尝试使用花式台球的策略直接把球瞄准果岭右侧的高地安全区域，利用地势让球滚回推球区中央。但是如果球洞在左侧，那么这一安全策略就会导致推球困难，或者更糟糕的是球会直接陷在长草坑中，这时你只有打出完美切球才有可能上果岭。

纽约州南安普顿国家高尔夫林克斯球场[1]的4号球洞，是查尔斯·布莱尔·麦克唐纳设计的一个"凸角堡"形球洞，还有A·W·帝林哈斯特设计的新泽西州萨默赛特山高尔夫乡村俱乐部[2]的2号洞，汤姆·多克（Tom Doak）设计的位于密歇根的高分球场[3]的4号球洞，以及蒙特利半岛的帕普山球场的15号球洞。现代设计中，"凸角堡"球洞左侧沙坑的设计原则已经被水域取代，而典型例子就是位于望远镜山下坡的12号球洞。

[1] National Golf Links in Southampton
[2] Somerset Country Club
[3] High Pointe Golf Club

20世纪早期

皇家波特拉什高尔夫俱乐部[1] 389码4个标准杆的5号球洞

这家北爱尔兰球场始自1888年，多年以后由拉里·柯尔特（H. S. Colt）改造完成。柯尔特是个有教养的人，出身职业律师。他是伦敦以外桑尼戴尔地区的首位俱乐部秘书，可以完美运用高尔夫球相关地形知识的业余球手。柯尔特喜欢用低飞切球完成切球。他设计的新型果岭可以让球不受风的影响，贴地而行，避开沙坑、高地、长草坑等障碍，直达果岭。而切向空中的球会受到突然转向的海风影响，向上爬升继而下降落入沙坑或长草坑中。

5号球洞风景美丽动人，但在场地别的地方很常见的壶型沙坑，在这儿却一个也见不到。但是要小心，这只像"被拔掉了牙齿的老虎"不会轻易令你以标准杆之内的成绩完成比赛的。虽然两个舒服的击球之后，你可以直接看到海边沙丘上的果岭，但是在一个下坡发球区将球打上宽敞的果岭以后，距离和球杆的把握就成了眼前的难题。通常的结果，球要么未能抵达果岭，要么直接越过果岭，这让那些过分自信的球手迷惑不已。在这个小型果岭上完成动作的最佳选择是灵巧的切球或者推球，否则等待你的很可能就是一个或者多个帕忌。

这一完美的球洞是由柯尔特精心设计而成。事实证明，就算有水域和沙坑的存在，这个球洞也没那么好打。事实上，面对错觉、果岭周围缺少参照物和果岭后反光的海平面，球手需要付出额外的努力才能判断出实际的距离。

---

[1] Royal Portrush Golf Club

避开这里没有沙坑的特点不谈，爱尔兰皇家波特拉什高尔夫俱乐部4个标准杆的5号球洞显示，在4号果岭之后，再难有易予之地，因为这里遍布长草坑、沙丘，更重要的是因为没有参照物，十分容易让球手产生错觉。

松树谷446码4个标准杆的13号球洞

松树谷是素有运动绅士之称的乔治·克伦普的杰作。这块场地的工作大部分都是在新泽西州克里门顿的松树泥炭地上完成的。H·S·柯尔特也参与了这项工作，他的主要任务是绘制球场路线图，并合作完成场地具体地形的设计。

那个土生土长的美国人将墨绿色熠熠生辉的池塘和清澈的泉水融入赛场之内。场地的特点在早年海水退去时就已经形成，现今土地上是旺盛的松树和色彩缤纷的落叶型树木。这个球场早期以沙地为主，现在已经成了专业的高尔夫球场。岛屿形的球道区，要求球手击球飞过沙地抵达宽阔的球道区和果岭。

场地内4个标准杆长距离的13号球洞，需要球手在发球区将球打上山坡，穿过幽深的泥地进入王冠形的球道区。不过，球很容易弹入沙洞和壶型沙坑，或者滚入松木林中。

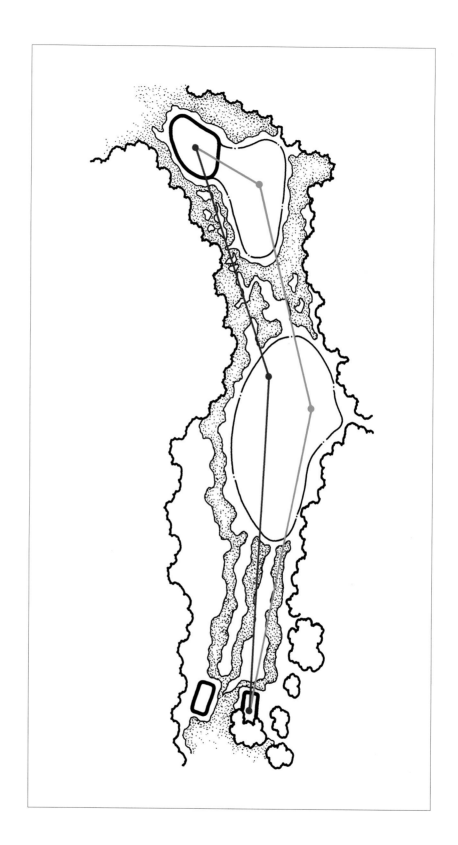

松树谷4个标准杆的13号球洞，难度较大、环境恶劣，需格外留意，如若不然球手就可能要面对厄运般的后果。

244

在你的第二杆开始之前，要特别关注偏移的右侧球道区，因为左侧球道区偏右100码的位置是设计巧妙的草地和一组沙坑，其后就是一个大型宽阔的果岭。一般来说，安全的方法就是将球打上难度较低的宽敞球道区，然后切击将球打上开放的倾斜果岭，在角度好的情况下，能以标准杆或者较少的帕忌完成比赛。最好的策略就是当胜算不大的时候不要冒险上果岭，要权衡得失。

将球直接打上果岭，需要球手打出勇敢的下坡球。这个洞也是惩罚型球洞——一旦击球失误，很难挽回。而比较保守的球手通常可以运用若干切击和推球，在不失误的情况下以双帕忌完成比赛。大胆的球手有可能直接将球打过一系列惩罚性的沙坑，并且因此欣喜不已。我认为这是美国东部最考验选手胆量的沙坑了。

海洋中心球场，433码4个标准杆的5号球洞

百慕大群岛海洋中心球场5号球洞被称之为"海角球洞"（Cape Hole），对选手来说是一个风险与回报并重的挑战。站在发球区，你首先看到的就是一个前所未见的勇敢者发球区，面前形状不规则的红树林湖与发球方向成对角线夹角，而湖后的狗腿球道区向左偏。这对球手是很大的考验：（1）球手要综合当日风力、风向的情况，合理选择击球方向；（2）根据个人能力进行客观分析，完成击球。

开阔宽敞的球道区从右向左倾斜直至水域边缘，给球手留下了右侧相对安全的缓冲区。水障碍的惩罚通常是由于球员选择强行突破水域造成的，那些因角度和距离造成的失误足以给球手留下深刻印象。站在发球区，他们的心跳都会加快。

那些敢于尝试百慕大海洋中心球场[1]4个标准杆5号球洞左侧落球区的高尔夫球手，往往可以凭借绝佳的角度，完成更短距离的切球。

假定开球顺利，接下来就要以长距离切球通过球道区。这条球道区向着左侧的湖区缓缓起伏。如果你决定打上坡球，那么要将球打向右侧，因为球会朝着水障碍区域滚动。果岭周围沙坑环绕，不过你可以通过反弹球上果岭。查尔斯·布莱尔·麦克唐纳设计的推球区，大多数都有斜坡，往往都是决定生死的关键地形，一旦成功，球就离球洞不远了。球道区的左侧非常适合切球，但是也同样存在危险，原因就是这里的水障碍。

这一特殊设计是麦克唐纳在其职业生涯后期从美国古老的高尔夫球场设计中获得的灵感，他的很多项目都是在赛斯·雷纳（Seth Raynor）和查尔斯·班克斯（Charles Banks）的协助下完成的。麦克唐纳的球场上有很多他们的元素。他们喜欢宽敞

---

[1] Mid Ocean Golf Club

246

的球道区、各类沙坑和变化多端的超大型果岭。他的其他杰作还包括芝加哥高尔夫球俱乐部[1]、国家高尔夫林克斯球场和耶鲁大学高尔夫球场[2]。

经典时代

塞米诺高尔夫球场[3] 390码4个标准杆的6号球洞

佛罗里达地区的高尔夫场地的果岭多是饱经风霜、阳光、风沙、盐水侵蚀的，但修剪整齐。塞米诺球场是亚特兰大沙丘边缘地区的高难度球场，这里深受喜欢阳光球场的选手欢迎。

该球场4个标准杆的6号球洞是本·霍根最喜欢的球洞之一。在那还没有空气动力学精心研制的比赛用球和高科技球杆的时代，也只有像霍根这样高水平的球手才能将球打到最适当的位置，为其下一击做好准备。6号球洞难度不小，即使是专业球手也最少需要两杆才能上果岭。

这个微微偏左的狗腿洞和精心设置的沙坑让球手必须三思而后行。球手需要从左侧球道区以轻击球进入推球区；但是左侧落球区的沙坑难度较大，很容易造成失误。这就是唐纳德·罗斯的杰作。狭长的果岭给人一种简单随意的感觉，但是实际上需要球手以精准、反复思量的轻击球打上推球区，而推球区前端右侧是一个幽深的对角线沙坑。推球失误、挽救困难，这也是罗斯的设计特点之一。他的特点众所周知，设计的

---

[1] Chicago Golf Club
[2] Yale University Golf Course
[3] Seminole Golf Course

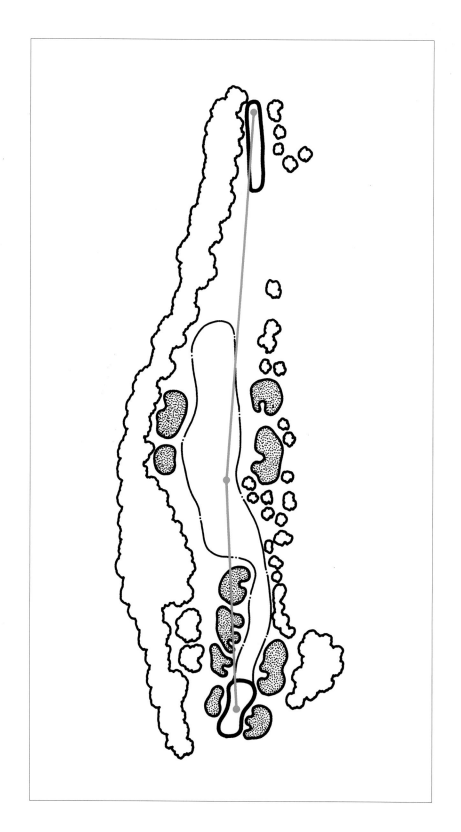

只有在发球区打出高水平的发球
才能顺利完成佛罗里达棕榈滩塞
米诺球场4个标准杆的6号球洞。

果岭一般都隐藏在推球区的边缘地带，球滚动到沙坑和长草坑，凭切击球也很难挽回。

罗斯对自己十分严厉，但对其他人却是格外的礼貌和善。他是松丘球场的资深总监，同时也是一名经验丰富的球手，经常说自己要到70岁才退役。一般情况下，他的球场都能反映出他节俭的作风：以最少的设计和球场作业完成球场建设。在客户的要求下，罗斯经常会将球场设计在农场上，但他最著名的作品还是北卡罗来纳州的松丘球场2号球洞。

巴特斯罗383码4个标准杆的13号球洞

A．W．帝林哈斯特是我最喜欢的设计师之一。他的球场设计很特殊，会选择更合适的高尔夫地形，比如沙坑深度、场地的地势和土壤性质等。

纽约州马马罗内克的翼脚高尔夫球场，是块岩石众多的场地。果岭多为爬升结构，而沙坑的峭面往往向果岭方向延伸。你需要将球打过沙坑；地滚球是完全不合适的。在旧金山高尔夫俱乐部，他利用了原始场地沙石较多的特点，将大型宽敞的球道区和果岭位置的沙坑区降低到原始场地水平面下，从而给球手制造场地错觉。

他设计的球道区弧度比一般狗腿洞的要大，环绕果岭的沙坑诱惑着球手冒险将球打上果岭。而沙坑与球道区的部分区域交错在一起，让球手不得不尝试冒险一击。帝林哈斯特是一个伟大的设计师，一个感觉敏锐的高尔夫球手。

新泽西州斯普林菲尔德巴特斯罗的13号球洞，是个4个标准

杆的狗腿洞，球手需要越过一个横亘对角线、左短右长的小溪。而这里的第二杆，要求球手向左完成一个长距离击球。如果这一杆打得稍偏就容易将球打进沙坑或者长草坑。最好的方法就是瞄准球洞全力击球。沿小溪向下游，以诡异的路线越过水域到达树丛，第二杆可能会距离较短，也比较轻松。这是一个设计合理的球洞，危险与回报并重，极大考验球手的勇气和发球时的自信。接下来的近距离切球需要球手直线通过环绕的沙坑，将球打上果岭，如若不然球就会直接落在沙坑中。这个果岭是个宽敞的钟形果岭，节奏快，有细微高度变化。

巴特斯罗球场完全契合美国高尔夫球协会的要求，这里长草密布的长廊球道区对球手的准确性和长度判断都是不小的挑战。这也正是冠军赛常在此地举行的原因。

奥古斯塔国家高尔夫球场485码5个标准杆的13号球洞

一提到奥古斯塔国家高尔夫球场，总会让人联想到杜鹃花、山茱萸、光滑的果岭和伟大的冠军赛。这里是大师赛的场地，年初的锦标赛在这里奏响春之祭，年尾的收官赛充满戏剧性，这一切都让它深受世界各地高尔夫爱好者的追捧。

乔治亚球场是由小罗伯特·提尔·琼斯（Robert Tyre Jones, Jr.）和阿利斯特·麦肯兹共同设计的，而麦肯兹想要将圣·安德鲁斯老球场的海岸地形复制到乔治亚起伏的松树球场上。这里藤蔓纵横、地势起伏的松树场地明显比圣·安德鲁斯老球场要小，但它有着明显的苏格兰本土风情和特色。

这个球场大多数球洞以5个标准杆为主，而13号球洞则是个经典的英雄型球洞。该球洞与附近球洞一起组成了"阿门之角"

左页：
新泽西州斯普林菲尔德巴特斯罗高尔夫俱乐部4个标准杆的13号球洞，是个典型的狗腿洞，横亘着一片对角线水障碍，诱惑球手来挑战它。

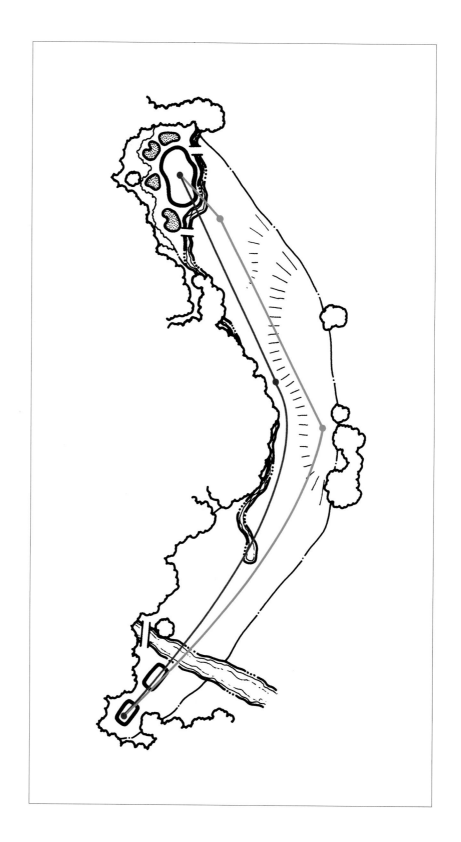

高尔夫球手只有在雷氏溪涧完成
直达果岭附近的完美发球，才能
在奥古斯塔球场的13号球洞取
得好成绩。

（Amen Corner）[1]，这个向左的狗腿伴随着复杂的地势变化，其后的边沿从右向左延伸。在这个球洞，球手需要完成一个上坡的轻击发球，这里的狗腿洞水域简直如教科书中写的一般诱惑着球手完成高质量的跨水域击球。如果球手过于贪心将球打得太远，就可能直接将球打进雷氏溪涧当中。这个溪涧覆盖了球洞左侧和前段的大部分区域，起伏的果岭会让那些第二杆击球失误和随意完成轻击球的选手后悔不已。

13号球洞是地质地形与自然景观的完美融合。初到这里，你一定会被它绚丽的风景、温和的沙坑迷惑而放松警惕，然而这个球洞实际并不简单。麦肯兹是个伪装大师，这些分散注意力的景观就是很好的例子。果岭看起来诱惑力十足，即便你在这里能够取得成功，前面高度变化多端的推球区也在等着考验你的技巧和勇气。

萧条时代与战后复兴

班芙温泉高尔夫俱乐部[2] 210码3个标准杆的14号球洞

斯坦利·汤普森（Stanley Thompson）既是一个魅力十足、令人信服的离经叛道者，也是一个艺术大师，他的球场能够让你叹为观止，同时也能让你的球杆不听使唤。汤普森来自一个

---

[1] "阿门之角"这个术语是由传奇高尔夫作家赫伯特·温德(Herbert Warren Wind)于1958年4月21日在《体育画报》上创造的。当年帕尔默赢得了名人赛的胜利，那场胜利是他赢得的4场名人赛中的第一场，也是赢得7次大满贯赛事中的第一个赛事。赫伯特·温德希望找到一个恰当的表达方式来形容球场那一段区域的激烈争夺，他借用了爵士乐唱片《阿门之角的呐喊》(Shouting at Amen Corner)名字的一部分来形容这一段必须要借助神力才能通过的难关。——编者注

[2] Banff Springs Glof Club

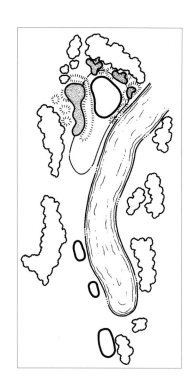

在加拿大亚伯达省班芙温泉球场3个标准杆的14号球洞比赛时，为了避开水障碍，选择合适的球杆至关重要。

伟大的高尔夫球家庭——他家的四兄弟都是业余或专业高尔夫冠军。斯坦利是个高尔夫球场设计师。他的兄弟参加比赛，而他则负责出难题，给兄弟们增加难度。汤普森是个出色的加拿大设计师，也是我父亲在大萧条时期的导师。

斯坦利·汤普森在加拿大和北美地区的球场充分体现了高尔夫的艺术。他喜欢自然风光，大气、开阔的沙坑区设计即使在加拿大落基山脉的班芙球场和碧玉球场[1]也显得那么特殊，其结构和海岸边的沙丘极为相似。他以强劲的4标杆和惊艳的3标杆而闻名，而他以3杆完成5杆洞的成绩还促进了当今高尔夫装备技术的革新与发展。

班芙温泉球场210码的14号球洞，也被戏称为"小弯弓"（Little Bow），是个狭长的3杆洞。球道区边上有条宽敞湍急的弓河，沿河而上就能直达一个大型的果岭。这里的最大障碍就是在山谷中回旋形成的风，有些甚至是小型的旋风。在发球区位置扔下一只手帕，温和的西风一般会将手帕吹到右侧，而远处的旗子则是偏向左侧。这里的隐形障碍就是风，它很怪，需要球手足够机敏并且有较强的第六感来选择合适的球杆和击球方式：有时候要选择高远飘球，有时需要打出一个低平球，以降低风阻，到达目标。

东侧的树林是球场的第三维度；而开阔的西侧，高耸的山有效地增大了球场空间，这个球场的宽敞之处就在于那些大型的地形设计。大型果岭需要众多的大型沙坑，而班芙温泉球场的地形正好合适。

---

[1] The Fairmont Jasper Park Lodge Golf Club

望远镜山376码4个标准杆的4号球洞

它是我父亲的杰作，以被人称为"跑道"的发球区而著称。球道区遍布大型沙坑，果岭开阔，高度起伏变化大。在设计时，我父亲有意给球场增加难度，让每一杆都不那么容易。望远镜山内陆森林球洞（第6~18洞）设置了各种难度的地形，严阵以待，专等球手上门挑战。

无论如何，球场建设的情况有赖于设计师的个人能力，有时更要取决于他对一些球洞的特殊偏好。在我父亲的球场，4号球洞总会成为他的基本设计标杆。球洞设置在白色沙丘之上，像极了王冠上的宝石，而沙丘旁边就是波光粼粼的蓝色海岸。这个距离较短的4杆洞，其发球区会让球手面对很多选择。与球场上其他沙丘洞相比，4号洞明显属于树少、海风大的球洞。在这里，球手经常会用三号木杆或长铁杆代替一号木杆，因为以这种方式将球打向正确的方向（通常是右侧），能给球手创造一个更好的击球角度，而在这种守备森严的碗形果岭，角度就意味着先机。

发球区到果岭之间，有大量的自然沙丘。一个微小的失误不一定会造成击球失误，但是那些沙丘周围的冻土植物却足以让球手感到窒息。这种障碍比那些高水平的对手更加可怕。通常，挥杆结束，球却没动，大多数情况都是由于这些多汁的冻土植物所致。这种情况很容易打击选手自信心，并造成失分。

考虑到在大风天比赛可能产生的后果，我们会直接将一号木杆排除在备选球杆的范围之外。面对果岭，要视情况而定。将球打上果岭前的狭窄入口危险较大，不太值得。另一方面，直接发球到宽敞的落球区也会有麻烦存在，这里狭窄、落差较大的双层果岭对中铁杆来说非常困难，所以要格外小心。如果你想以一个

在望远镜山4个标准杆的4号球洞
区域，如果沙丘和冻土植物不能让
你引起注意，那么两级的下坡果岭
一定会引起你的注意。

轻击球轻松上果岭，那么只能竹篮打水一场空。

　　果岭的斜坡、高度变化和水坑都给这个球洞增加了挑战的难
度。望远镜山的4号球洞，可以说是设计者设计能力与自然风光
的完美结合。

发展时代

海港城高尔夫林克斯球场[1] 378码4个标准杆的16号球洞

　　南加州希尔顿头岛上的海港城林克斯球场，是将房屋与球场
巧妙融合的时代典范。皮特·戴伊不仅是名伟大的高尔夫球手，

---

[1] Harbor Town Golf Links

256

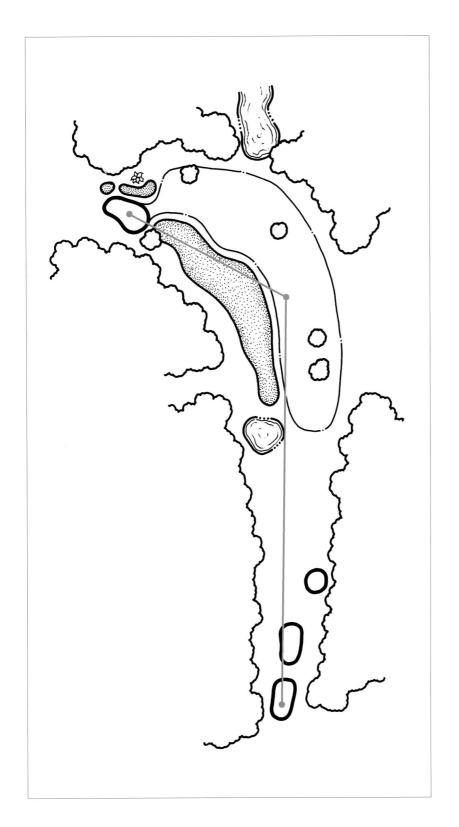

海港城高尔夫林克斯球场4个标准杆的16号球洞左侧有一大片沙荒地，这片区域的设置很容易造成选手成绩不佳。

257

而且他在20世纪60年代放弃保险业，将高尔夫建筑作为自己毕生的职业。皮特在高尔夫球建筑方面的贡献是用厚木板和枕木装饰沙坑，以达到吸引眼球和制造骇人障碍的目的。在其职业生涯中，他设计了一系列短距离、魅力十足的4杆洞，而海港城的16号球洞就是他最完美的作品之一。

在这个球洞区域，球离开发球区，会穿过一片陡坡树林，到达从右向左的狗腿球道区。因为发球区设置在树林的关系，球手通常会忽略树丛上方风的影响。嘉丽伯格海湾的风通常是从左侧45度角袭来，这种风对发球区球的影响很大。球洞左侧是大型、难以掌控的沙荒地，涵盖落球区到果岭的整个区域。右侧球道区中心的大树正好可以用作发球的目标。

最好的策略就是将球打到荒地区域附近，尽量到达球道区上段的位置，之后完成一个短距离轻击球，直接冲上这个矮小的果岭。但是，采取这一策略会增加球落入荒地区域的风险，导致后续球位和击球角度不佳。很多参加巡回赛的球手都会选择三号木杆完成发球，以获得更好的轻击球角度，从而为上果岭作好准备。一号杆看似更安全，但是用它将球打向右侧，会造成后续需要完成一个长距离、高难度的轻击球，而且还要通过荒地区障碍。荒地区障碍边缘环境同样恶劣，这也"得益"于戴伊的设计。

球道区较为平坦，倾斜度不大，很难让球手利用狗腿洞的角度。如果球手将球打向右侧，那么下一个上果岭的轻击球距离必然要长一些。球道区成弧形，绕着香蕉形状的荒地区域延伸至果岭，球很难通过滚动反弹到果岭。

果岭右侧只有一个沙坑。狭窄的球道区将果岭入口和果岭左侧的大片沙荒地区分为两部分。对于这种小型果岭，挽救球一般会采取高空球或高吊球的方式，而果岭表面平坦，推球也较为容易。

海港城球场的16号球洞是戴伊早期的代表作。我个人认为，海港城之后的作品更加注重美观和视觉价值。他的设计理念大多来自富有浪漫气息的古代球场。无论如何，他的发明和创造对我们那个时代的设计师产生了很大影响，其中就包括汤姆·法齐奥（Tom Fazio）和杰克·尼可拉斯。

沙漠高地高尔夫球场[1] 396码4个标准杆的13号球洞

因为职业球手普遍水平较高，他们都倾向于减少运气对球的影响。杰克·尼可拉斯设计的球场会通过极度平整的发球区、等高的落球区，以及高度细微变化的球洞来体现这一原则。如果你水平高，能够达到这些目标，那么就尽情享受这些同高度的球位吧。亚利桑那州斯科茨代尔沙漠高地高尔夫球场的13号球洞就包括了类似的设计。

这个球场中有趣的球洞不止这一个，但这个上坡方向4个标准杆的球洞却是尼可拉斯标志性的球洞，它充分体现了设计师对高尔夫球击球质量的理解。这个发球区是五个著名的平坦发球区之一。河谷将球道区分成两个独立的落球区，球离开发球区需要越过一片大型自然沙漠地带。谨慎的球手可以选择左侧较为宽敞的球道区，而这种选择要面对的就是长距离、高难度的轻击球。右侧区域优势更大，击球相对容易。在发球区你要根据自己的能力和球场条件做出适当的选择。

---

[1] Desert Highlands Golf Course

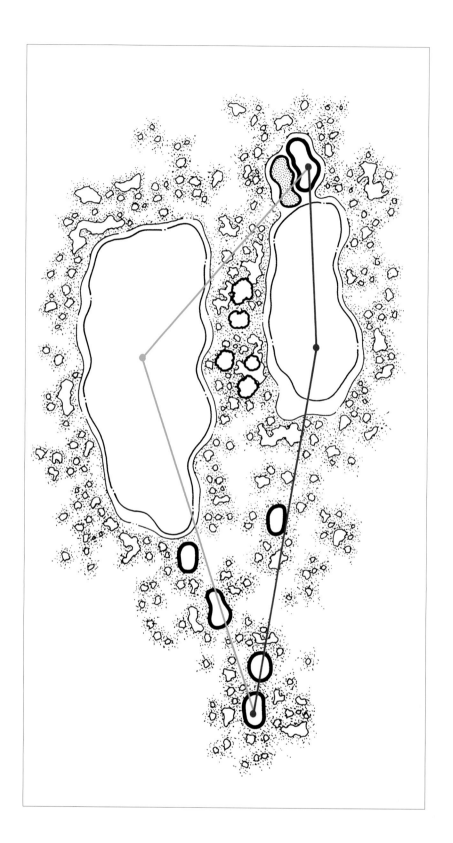

亚利桑那州斯科茨代尔沙漠高
地球场4个标准杆13号球洞的发
球区，给球手提供了两种明确的
选择。

杰克的球场还有一大特点就是其果岭呈对角线结构。其中的13号果岭就是一个从右前到左后的对角线结构，而果岭的前端是一个单独的大沙坑。这个对角线沙坑与果岭形状契合一致，需要球手将球从左侧落球区打上果岭。球手也可以从右侧球道区，利用反弹将球打上果岭，而且还以利用果岭地形使球从右向左滚动。而在果岭上的轻击球也要考虑高度的变化，在沙地球场缺少参考物的情况下，球手经常会错误估计高度的变化。

果岭范围很大，而且果岭后成下坡，一直延伸到果岭边界，但是这个高度变化主要是希望帮助球手打好轻击球而不是为了影响球手击球入洞。尼可拉斯习惯打高弧线球，而他设计的果岭也恰恰迎合了他的这一习惯。松林区域显得相对平坦，而这也主要得益于周围斜坡陡峭的地势。果岭也有一些凸起，而相对较大的凸起主要集中在果岭后方。13号球洞将其现有的沙土环境有效地融入了球洞环境当中。

沙漠高地球场的长草区是松树谷自然荒地理念的现代改良版。你可以利用沙地过渡区挽救自己的球，但是需要注意那里危险的仙人掌和野生动物。荒漠长草区合理地利用干燥的亚利桑那州荒漠环境，以新型水保持规则为基准建设而成。

环境时代

黑钻石农场球场[1]，183码三个标准杆的13号球洞

汤姆·法齐奥设计了不少优秀球场，他过去十年设计的球场

---

[1] Black Diamond Ranch

与君达乐三号球洞相似，佛罗里达州勒
坎托黑钻石农场球场，3个标准杆的13
号球洞同样有个幽深的采石场障碍。

折射出现代高尔夫球场设计的一个新趋势——视觉美学趋势。当今，很多景观设计学生开始专攻高尔夫球场设计，他们改变了高尔夫球场的景观。法齐奥的天赋和作品都体现了这一点。

佛罗里达州勒坎托黑钻石农场球场13号球洞是如此的吸引人。183码的球洞从一个高点发球区开始，穿过幽深的废弃采石场。虽然这个球洞看起来难度很大，但是因为难点分散，整个球洞并没有那么困难。球道区较小，两个沙坑直接将球手指向了果岭左侧的"应急"安全区域，当然这其中会有一些麻烦存在，这就要求球手谨慎小心了。从发球区看，这个开阔、幽深、凸起的果岭坐落在一个半岛型区域中，周围有四个沙坑，左侧两个沙坑较大，也比较危险，球手选择适当的路线就不难摆脱麻烦到达推球区。前方和右侧的沙坑外围更陡峭，逃脱也较难。

双层推球区由两层明显的松针区域组成。高尔夫球手必须清楚地认识到果岭的深度以决定球杆选择。松针区域很宽，但是这种起伏地形会造成很多有趣的情况，例如削球，劈起球或者从一个平面将球推向另一个平面。这就是典型的法齐奥式果岭：大型推球区，变化多端的起伏。

球洞引人注目又很有趣，这种设计要求球手有很高的技术。这既不是长距离球洞，也不是那种令人恐怖的存在，而是那种你希望去完成的球洞。

王子球场576码5个标准杆的15号球洞

有时，设计者会找到一块宏伟的球场，能够在其上创造伟大的作品。当事情向着这个方向发展时，就是高尔夫球创作的开始。我有幸完成了不少这类伟大的作品，包括密苏里州斯普林菲

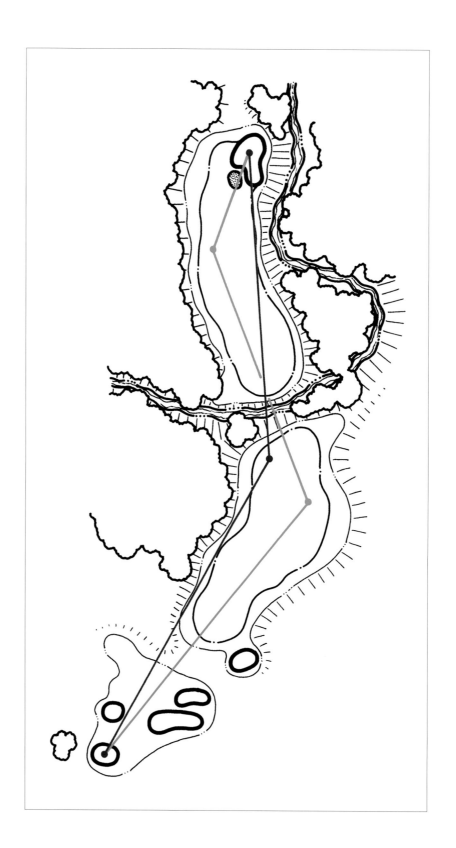

普林斯维尔王子球场5个标准杆15号球洞的球道区是一段盘绕的沟壑，球的运动过程极为颠簸。

尔德高山泉乡村俱乐部、科罗拉多州的基斯通球场、澳大利亚国家球场；日本松树湖球场；卵石滩西班牙湾海岸球场、缅因州休格洛夫球场；加拿大不列颠哥伦比亚省惠斯勒城堡球场、法国格勒诺布尔球场。

从悬崖上远眺太平洋和巨型山谷，是瀑布和泉水滋润的成熟热带植被，夏威夷州普林斯维尔王子球场就是这种美妙的组合。根据当地自然规律，球场建设主要以3或4洞为主，这样有助于设计者将每个球洞的细节做得更好。王子球场上遍布一系列的挑战和令人印象深刻的球洞，但是15号球洞却是其中将击球策略和美学结合得最为完美的佼佼者。

该球洞区的发球区在远离坡型落球区的山峰顶端。在选择球杆完成击球时一定要将这种阶梯下降的结构考虑在内。一记长打可以将球直接送到与左侧球道区平行的山谷前，这里的球道区被平分成第一落球区和第二落球区。虽然第一落球区左侧有个下行的弓形障碍，但它面积较大，也比较简单。凸显的高地离球道区较远，并从右向左地向下倾斜，球会顺斜坡向下滚到平地上。在球洞附近，我经常会将各种地形混合在一起。

在到达第一落球区后，球洞的大戏才真正开场。大型山谷守护着右侧的整个区域。球手要不惜一切代价为第二落球区和后续击球做好准备。第二落球区较为宽敞，但其左侧区域有一片平行的热带植被区和陡峭的山地。球洞附近只有一个单独的壶形沙坑，不过位置极佳，完全护住了果岭（果岭本身就在幽深的峡谷旁）。如果选择冒险的路线，回报丰厚。整个球场，边缘明朗，球手可以根据自己的能力选择不同的路线。

果岭区域较小，要求较高。因为尺寸小，果岭仅有一个小角

后页：
王子球场15号球洞的发球区高度较高，而整个球道区呈下坡特点，只要你找到球道区，那么这个洞就是个美好的享受。

265

度的斜坡可供选择。球手需要对这里的热带百慕大草区域格外注意。15号球洞是个壮观的5杆洞，英勇型的球手需要完成两个完美的击球才能抵达其附近区域，之后还要尽善尽美地表现才能成功。

创作交响曲

如果你复制我们之前谈到的14个球洞并随机加入四个完美球洞，我们是不是能创造出一个世界最好的高尔夫球场呢？几乎不可能。一般情况下，我们可能会创造出一个令人心情堪忧、完全失去节奏的怪异球场，就好像将所有著名乐章放入一部乐曲的效果一般。所有伟大的球场，都会让球手有各种心境、节奏的不同体会，或许有时还会产生淡淡的怀旧之情。

设计者的设计方式基本与音乐家创作乐曲类似。每个球洞都以自然环境为基础——热带雨林的果岭放在多风开阔的海洋地带一定不合适。伟大的球场也有平衡的存在，注重的是将各种地形、不同难度的球洞有序地融合一体。如果每个球洞难度都很大，就好像乐曲中每个音符都是高音，每个部分速度都很快一样。持续的紧张很容易让听众失去兴趣，这对高尔夫球手也是一样。

球洞的设置和音乐一样并没有一定之规，有些伟大的球场设置就是反常规的融合。举例来说，蒙特利半岛柏树岬高尔夫球俱乐部，就有背靠背的3杆洞和背靠背的5杆洞，在卵石湾球场，有5个3杆洞和5个5杆洞。一般令人愉快的球洞，整个过程的挑战也会较小，3杆洞会在3、4号球洞之后才会出现。一般最为复杂，挑战性较高的球洞会在中段出现，而后续还会出现一到两个难度

柏树岬高尔夫球俱乐部，是世界知名的
伟大球场之一，其中的15和16号球洞
是背靠背的三杆洞。

较大的球洞。

选手在完成一次比赛后自然就能发现球场的一些特质。这还要基于设计者将18个球洞设置不同难度以便于球手记忆。

比赛精神

高尔夫球场中的什么因素能让你流连忘返呢？是因为球场让你最大程度的发挥了自己的能力？很久以前，阿利斯特·麦肯兹就发现，选手更喜欢通过展现自己的能力完成挑战，而不是完成那些无趣的比赛而获得一个较低的杆数。似乎没什么比以一个4号木杆血性地将球通过卡梅尔湾入口打上卵石湾8号洞的果岭更让人兴奋的了。

如果你从果岭旁的沙坑中成功救球并推球入洞，以低于标准杆一杆的成绩完成该洞，你得到的就应该是极大的满足而不只是些许的欢愉。实际上，球场上的英勇击球总会给你带来许多乐趣。战胜障碍、获得好的分数令人愉悦，如果球场较难也能让你有不同的享受。

很多球手认为球场的乐趣在于挥杆的过程。但是在完美挥杆之后，你要想到的还是球场本身。

有时，球场勾起你回忆的是那些障碍。不是吗？球场最有意思的部分莫过于战胜障碍。当你问起有些沙坑为什么这么小或者这么浅的时候，你往往就是在思考应对战术了。

设计者有没有考虑风对球洞的影响？他有没有选择最恰当的

果岭位置并使其影响发球区呢？他是否考虑到场地的影响，并将其填入整个构想当中呢？

　　当你提出这些问题时，你已经开始以设计者的角度思考问题了，这其中乐趣无限。以你的进攻挑战他的防守，你就成功了。这也是高尔夫球的艺术魅力所在。

后页：
斯阔溪地区的高尔夫球场与其周边的环境相得益彰。

后记：
新千年的高尔夫运动

　　高尔夫球场宛若大型的郊区公园，它是城市之肺。如果你乘飞机前往迈阿密、马德里或者上海，在空中你会发现城市周边的郊区分布着很多绿色地带。这片片绿地通常便是高尔夫球场，它们不仅为我们供给氧气，而且还为野生动植物提供了栖息地和庇护所。过去的十年间，摆在高尔夫球场建筑师们面前的是这样一个矛盾的局面：一方面，赛事型高尔夫选手，像所有竞技运动员那样，想方设法战胜对手并征服球场。而另一方面，高尔夫装备的革新——从大头的金属木杆到误差容许度更大的凹背式球杆，尤其是经过空气动力学优化的带酒窝面的高尔夫球，早已突破了先前那些备受敬仰、设计精湛的传统球场的防御能力。而今顶尖的业余球手和职业选手从发球台可以轻易开出270~320码的球，更加有力地证实了这一点。美国职业高尔夫球俱乐部和皇家古典高尔夫球俱乐部没能预料到20世纪90年代高尔夫球具会有如此空前的发展进步。作为回应，这两家机构已尝试着增加球场的全长码数，例如圣·安德鲁斯和费城郊区梅里恩一带的老球场都为举办锦标赛而加长了球场。但这一举动却收到来自竞赛球手和俱乐部会员们褒贬不一的评论。像纽约州贝斯佩奇黑球场[1]和圣地亚哥托里针叶松球场[2]的总长已被加至7 500多码。

　　时下，征用这些公众球场作为高尔夫公开赛场地已成为一种流行趋势。其主要原因在于当地政府官员想借着举办赛事的契机大手笔地宣传自己的城市。然而，场地长度的

---

[1] Bethpage Black Golf Course
[2] Torrey Pines Golf Course

这是缅因州周日河高尔夫球场4个标准
杆2号球洞的壮观景象。
该图片是从山顶拍摄的3D影像。

加长本身就限定了潜在锦标赛冠军的人群范围，以及其作为锦标赛场地的可行性规格。因为这种长距离会忽略原本非常关键的开球技术——就像20世纪50年代，本·霍根凭借着娴熟的球道区控球技术赢得了公开赛的冠军。

　　在新千年里，第一章所讲的"英雄型"球洞早已被那些年轻气盛的好手所征服。泰格·伍兹（Tiger Woods）是一个真正的高尔夫传奇人物，他从发球台开出的球一般都会飞跃"障碍"，不过这种情况多发生在近距离击球区。在苏格兰神圣的圣·安德鲁斯老球场，他凭借着无一触碰沙坑的纪录一气完成72洞，拿下了2000年英国公开赛的冠军奖杯。他极少使用自己那支大头一号球杆，因为他的身体和精神状态都处于极佳的状态，根本就不需要此类器械的辅助。阿肯色州费耶特维尔附近的祝福高尔夫俱乐部[1]的创办者约翰·泰森（John Tyson），首次对发球区第一杆球发起了挑战。他设置了倾斜球道，在第一杆球落地区的附近布置障碍或长草区。如此一来，球员通过慎选球路，击球使其越过长草区或障碍物尚可冒险一试。他们不仅要开出很远的球，还要精准地控球使其在落地目标区域成功停住而不飞入长草区或滚进沙坑内，这样才算是对自己有所回报。这样的设计理念在为短距离球手提供广阔的近距离推球的球道之余，也为球手增加了在发球区开球的难度。

　　当然，有一种简单的方案可使高尔夫球场恢复昔日的风采，这需要官方对规则做出一点简单的修正。然而问题并不在此，这种状况已成无力回天之势。那何不在开球时取消发球台呢?

　　这种调整应当尽量排除在发球区细密的草坪面上用大头一号

---

[1] Blessings Golf Club

纽约州雪城大学附近卡拉亚特图灵石胜地
（意为"天空的另一边"）高尔夫球场[1]
4个标准杆18号球洞，证明了天然球场也
可以是地道美国大地和美国精神的体现。

---

[1] Turning Sonte Resort's Kaluhat Golf
Course

杆击球的情况。为了保险起见，我会在后发球台前方100米的球道上横亘布置深沙坑，以此作为防范。

现在许多高尔夫球场都在球道上设置沙坑。这些为数不多的沙坑都比较深，使得球手很难击中完全裸露在沙坑表面上的球，并将其打上果岭。2002年，在肯塔基州路易斯维尔的瓦尔哈拉高尔夫球俱乐部[1]，泰格·伍兹就凭借此举拿下了美国职业高尔夫联盟锦标赛的冠军奖杯。果岭边的沙坑一般比较深，同时由于近年来开发的混合草坪，尤其是推球区表面较好的质地，也令果岭富有层次感且球速快。在我从事职业高尔夫运动的最初几年，刚接触的高尔夫球场建筑学只是告诉我，旷阔的场地更加适宜作为球场的选址。20世纪70年代早期，夏威夷高尔夫球场建设尚处于前期，我有幸在考艾岛北端一处有着壮观景色的辽阔之地工作，也就是现在著名的普林斯维尔度假区。度假区边上有一段令人惊叹的陡崖，可以俯瞰太平洋，而今像这样的地方已不多见了。偶然你也能碰到一片风景宜人的空场地，但是要使之满足建造球场所具备的各项限制条件，比直接走上冠军发球台开球还要困难。但是我们明白，只有富有耐心和美德才能最终赢得荣耀。

近来，几个美国本土部落建设了一些高尔夫球场并将其作为赌城的一部分，比如纽约州奥奈达印第安旋石度假村的三个高尔夫球场。新墨西哥州印第安科奇蒂族人更具超前意识，他们在美国西部一片开阔的自然景区内修建了一处震撼人心的球场。20年后，这片地区仍然没有任何房屋建筑，丝毫没有打破这幅由一望无垠的台地和浩瀚无边的荒漠构成的壮观景象。

而今无论是新建球场还是已投入使用的场地，只要它拥有大

---

[1] Valhalla Club

新墨西哥州柯契地印第安族领地上的普韦布洛柯契地高尔夫球场[2] 5个标准杆17号球洞，以其平顶山和西南高原沙漠而闻名。

片可用场地，球场训练硬件就会受到空前的重视。最近新泽西州松树谷球场新添了景色怡人的小山，上面布置了不少果岭。加利福尼亚州奥本的温彻斯特高尔夫球俱乐部也着眼于内华达山脚草木繁盛、山丘众多的特点来提升球场的价值，充分利用了草木和卵石作为天然的障碍。一代高尔夫宗师皮特·科斯蒂斯（Peter Kostis），最先提出了一种独特的构思并将其应用于费耶特维尔附近的祝福高尔夫球场，那里是阿肯色州高尔夫学校和一些资深球手的专用训练场。由此，最有趣的训练设施便问世了。在加利福尼亚州卵石滩罂粟山的北加州高尔夫联盟球场[1]上，山脊的两侧都布置了发球台。此外，祝福训练场的果岭还呈现出无中心的"X"状。无论是球飞过还是未及他们已精确预测的远处球洞，

---

[1] NCGA Course

[2] Pueblo de Cochiti Golf Course

这个10码的近距离推球区表面对飞来的球都有极高的敏感度。这便有助于球手选择最适合的球杆，同时也有助于提高在该球场大果岭内旗杆周边的小果岭上近距离推球的技术。

也许正如你预期的那样，一股复古风潮悄然崛起，设计师们希望能打造出昔日那种球场。旧时举办锦标赛的场地注重的是对击球技术的考察而非球场外在的长度尺码，其蕴含挑战性的设计堪称建造球场的一种参考标准。现在这些俱乐部会员及其委员会成员想尽办法去收集并阅读那些老设计师的作品，并成立了专门的团队将过世设计师的作品珍藏起来以示尊重。他们长途跋涉，到各大经典的球场打球，然后回到家中据此对自己的设计方案再进行修整。人们对这股浪漫风潮的评判也是褒贬不一，这主要取决于设计师和建造者的经验和知识结构。如果处理不当，哪怕再好再妙的球场特性也会被那些突兀且无法迁移的众多土丘、沙坑及其他一些障碍所淹没，一切美好的特色都将消失殆尽。皮

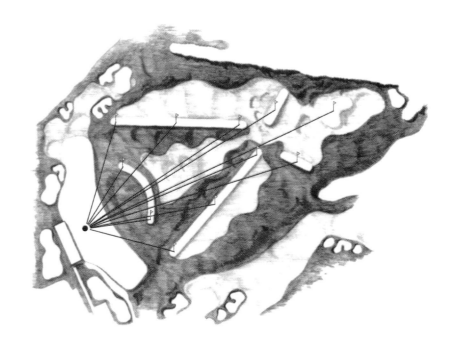

阿肯色州费耶特维尔附近的祝福高尔夫球场，练习区果岭呈无中心的"X"状，如果你的球打得过近或过远都会受到惩罚。

特·戴伊在威斯康星州科勒镇的呼啸海峡高尔夫球场[1]上布置了1 000多个沙坑，虽然它入选2004年职业高尔夫联盟锦标赛场地可谓是实至名归，但它就像一位天然美女被过于粉饰了一样，这大部分的沙坑对于一场职业球赛而言着实显得多余。

仔细考察你会发现，对球场的重新修整，尤其是对传统球场的重塑，往往会因为理解偏差而致使经典草坪和果岭等惨遭损毁。我试想没人会对弗兰克·劳埃德·赖特[2]（Frank Lloyd Wright）的故居进行翻修整改吧。尽管高尔夫球场的建设是一项系统性的长期工程——草木等需要不断更新，但球场经典设计的核心本质和初衷还是需要传承下来的。 年轻的设计师、四五十岁的高尔夫专家以及果岭管理委员们动不动就在球场上安置许多小锅状的沙坑，或者在球道上种植一些树木，其实这些小把戏对于一个思维缜密、技术娴熟的球手来说几乎没什么影响，但它却使那些以比赛观赏性和景观胜出的优秀高尔夫球场惨遭降级。与此同时，他们只是盲目地为女士和年轻的初学者前后添置发球台，而忽视了这些球台对目标球的视线如何，也不关心这些发球台与整个球场布局是否和谐。实际上，深挖沙坑，尤其是在美国东部地区，或者为了便于球场维护而大量铲除那些古老树木，都是极不可取的。但对老球场进行选择性的修剪还是值得肯定的，这样可以使草木呼吸到新鲜的空气并有充足的阳光照射，同时还能再现这设计精良的老球场原先良好的击球质感。过去的十年间，我们在改善高尔夫场地及其环境方面已取得了重大进步。球场上的草木带给我们颇多益处，它除了为我们释放氧气外，还能降低噪音、净化空气、调节温度以及防止火灾等，此处仅列举其

---

[1] Whistling Straits Golf Course

[2] 1869~1959，20世纪美国最著名的建筑师，享誉世界。他设计的许多建筑都备受赞扬，是现代建筑中有价值的瑰宝。赖特的主要作品有：东京帝国饭店、流水别墅、约翰逊蜡烛公司总部、西塔里埃森、古根海姆美术馆、普赖斯大厦、唯一教堂、佛罗里达南方学院教堂等。——编者注

中的几个功能。引发大众环保意识的高尔夫球场对整个社会和财务稳健都持续发挥着功效。正像过去那些伟大的设计师那样，我们要因地制宜地建造球场，发挥球手基本的击球技术，最大程度上降低它对球场周边生态、天然排水和供水系统的影响。

在美国高尔夫协会、英国皇家古典高尔夫球俱乐部、美国高尔夫球场管委会、美国高尔夫球场设计师协会，以及同僚机构（尤其是英国）的大力支持下，美国和欧洲国家的政府和农业大学已开发了多种新型早熟禾草类。众多草类中，最有趣的要数雀稗。这种草最初引进于西非，是从非洲到新大陆运载黑奴的船只上的"床垫"。当这段可怕的旅程结束时，这些草被丢弃在异域

在西班牙马略卡岛的阿坎拿大高尔夫球场[1]4个标准杆16号球洞区，风这种无形的障碍要求你每一击都要经过深思熟虑，考验你在耐盐性的雀稗草坪上的击球能力。

---

[1] Club de Golf Alcanada

位于威尔士新港凯尔特庄园胜地的温特伍德山高尔夫球俱乐部[1]，可以纵览尤卡河全景，这里是2010年莱德杯公开赛（Ryder Cup）的比赛场地。

------

[1] Wentwood Hills Golf Course

282

各地，其中一些丢弃在沿海滩涂的杂草存活了下来并生根散叶。这些早期的匍匐茎杂草几经改良后被种植在其他草类无法生存的咸碱地。在其他草类无法生存的佛罗里达州、夏威夷州、加勒比海以及地中海地区，而今有众多的高尔夫球场在此落户，这在很大程度上得益于精良的雀稗草。

阿坎拿大高尔夫球场是西班牙马洛卡岛上新开辟的一片场地。在此你可以于休闲中尽享地中海沿岸的风情美景。该球场就选用了雀稗作为草坪草，若非如此便无法达到其设计标准。

球手们各成一队代表其国家或大洲参赛，并为了荣誉而甘心铤而走险，打出高水平的比赛，这的确让人激动不已，也着实为球迷观众们献上了一场视觉盛宴。在美国弗吉尼亚州马纳萨斯湖畔罗伯特·琼斯高尔夫球俱乐部举办的莱德杯和新兴总统杯公开赛（Presidents Cup），吸引了不少球迷到场观看，同时其电视转播在世界范围内也广为流行。此外，业余男子沃尔克杯公开赛（Walker Cup）、女子柯蒂斯杯公开赛（Curtis Cup）和索尔海姆杯公开赛（Solheim Cup）也是广为称道的团体赛事。那些汲取早期设计的新兴球场，比如西班牙瓦尔德拉玛球场[1]、英国贝尔弗里球场[2]、即将启用的爱尔兰K俱乐部[3]以及威尔士纽波特地区温特伍德山球场因举办此类赛事而迅速扬名，为球场业主和所在区域赢得了声望。在大多数传统体育项目中，高尔夫球比赛可算是一项新的极富特色的运动门类。

设计建造莫斯科乡村高尔夫球俱乐部[4]于我来说是一生难得

---

[1] Club de Golf Valderrama
[2] Belfry Golf Club
[3] K Club
[4] Moscow Country Club

俄罗斯纳哈比诺莫斯科乡村高尔夫球俱
乐部风景秀美，松桦林繁茂，这里的4
个标准杆的13号球洞已经落成达20年
之久，仍然是欧洲巡回赛（European
Tour Event）的比赛场地。

的宝贵经历。期间遇到重重困难，但它给予了我极大的满足感。俱乐部位于莫斯科西北纳哈比诺一处松树和桦树丛生的自然森林中，景色宜人。俱乐部名下有酒店和别墅，且都经营得有声有色。它于1994年9月竣工，是俄罗斯第一处18洞高尔夫球场。在首次俄罗斯公开赛上，迈克尔·波拉内科爵士（Sir Michael Bonallack）曾讲道："我代表苏格兰皇家古典高尔夫球俱乐部热烈欢迎俄罗斯人民加入到我们的行列中来。"十分荣幸，我也参与了其中。而今，这片球场迎来了它十周年的诞辰，虽然已有再建其他18洞球场的长远规划，但迄今为止它仍是俄罗斯的唯一。前俄罗斯外交部长伊万·伊万诺维奇·谢尔盖耶夫（Ivan Ivanovich Sergeev）与我一起全程参与了这个项目，他曾对我说："在我们纳哈比诺（Nahabino），一支新秀正在茁壮成长。"

由于世界主要大国都有自己的锦标赛场地和团队，可以预见高尔夫球也会受到奥组委的青睐而在日后成为奥运会的赛事项目。对此，我表示赞同。高尔夫运动是最后一项深受世界人民欢迎但尚未入围奥运会的赛事项目。我跟许多高尔夫专家和世界高尔夫管理机构并肩作战，期待这个梦想在那些希望代表国家出战的年轻球手身上得以实现。

高尔夫赛事的观看者越来越多，尤其是当今传播渠道正日益完善。数据显示，退出赛事转而只通过电视转播来关注高尔夫比赛的老球手的数量与新加入高尔夫赛事的球手的数量大致相抵。现在通过高尔夫球的销量和实际高尔夫赛事的轮次，我们可以准确地观测到高尔夫运动的真实动态。其实，高尔夫球场理应为那些真正的球手而建，而并不是每个球场都要建成电视上转播的"英雄球场"那般壮观。

便利的空中交通方式使得一些以前不易到达的地方，如不列颠哥伦比亚的山区、挪威和新西兰的峡谷边、美国的浩瀚平原上、中国的喜马拉雅山脉附近、迪拜的无垠沙漠中，以及其他一些风景绝美的异国风情区里，也趁机兴建起了高尔夫球场。带上你的家人或朋友，赶快踏上征途去体验一下吧，它绝对会带给你意料之外的惊喜。

通过本书的浅析，我希望大家已对高尔夫运动的内在精神有更深的了解并对其更加欣赏。在设计建造球场之初，设计师们会故意布下一些"机关"，而你所要做的便是挑战自我，不断为之解密。因此，在你急于跑到发球台并匆匆开球之前，请先聆听一下大地、观察一下视线并感受一下微风，要因地制宜为每个场地都做一套精准的挥杆方案并将其付诸实施。这样不仅会降低你的总杆数，还能更好地享受比赛所带给你的乐趣。

读者能通过阅读此书学会打球并在最大程度上深入了解球场，是我写作本书的目的。但请记住，没有哪一名球手会对其表现完全满意，即便是职业球手、专家级人物也是如此。因为每一轮比赛都不尽相同，所以聪明的球手只会从错误和过失中汲取经验。

我十分敬佩古苏格兰那些不曾抛球而顺利完成挥杆的球手。500多年前，他们不借助任何码数标示或者记分卡的帮助便对植被带、土丘和沙坑了然于心并能得心应手地掌控全场，而这一切所依靠的仅仅是他们的双眼和亲身体验。

其实，你细细揣摩便会发现高尔夫运动可算作一种比较简单的项目。从早期羊群遍布的牧场到而今的高尔夫球场，其本质并未发生大的改变，它的终极目标依旧是用最少的杆数击球入洞，只不过场地障碍更加复杂使得比赛较之先前更具挑战性。但如若你能参透并利用此书中所阐述的章法、原则，那你成功击球得分的几率就会大大提高。现在，请重新上路吧！

美国

阿拉斯加州

伊格莱格伦高尔夫球场（Eagleglen Golf Course）[1]，安克雷奇市

《高尔夫文摘》称是该州最好的球场。

亚利桑那州

亚利桑那国家球场（Arizona National），图森市

《高尔夫文摘》称是美国排名前十的新球场；被亚洲高尔夫球协会授予"环境利好奖"。

多维谷洛奇高尔夫球俱乐部（Dove Valley Ranch Golf Club），溪涧谷

拉斯桑达斯高尔夫球俱乐部（Las Sendas Golf Club），台地

橡树溪乡村俱乐部（Oakcreek Country Club）[1]，塞多纳

里奇里科胜地乡村俱乐部（Rio Rico Resort & Country Club），里奇里科亚利桑那共和体

位列亚利桑那州前25名的公众球场。

阿肯色州

祝福高尔夫俱乐部（Blessings Golf Club），约翰逊

香奈儿乡村俱乐部（Chenal Country Club，36洞），小石城

《高尔夫球周刊》评价其为美国100佳现代球场之一。

加利福尼亚州

安嫩代尔乡村俱乐部（Annandale Country Club）[3]，帕萨迪纳市

奥多比溪涧高尔夫俱乐部（Adobe Creek Golf Club），柏城

贝沙湾乡村俱乐部（Bel-Air Country Club）[3]，洛杉矶

伯南伍德高尔夫球俱乐部（Birnam Wood Golf Club）[3]，圣巴巴拉市

波德加海港林克斯球场（The Links at Bodega Harbour）[3]，波德加湾

兰乔圣菲桥高尔夫球俱乐部（The Bridges at Rancho Santa Fe），兰乔圣菲

溪涧乡村俱乐部（Brookside Country Club），斯托克顿

卡拉巴萨斯高尔夫球乡村俱乐部（Calabasas Golf & Country Club）[1]，卡拉巴萨斯

加利福尼亚高尔夫球俱乐部（California Golf Club）[3]，南圣弗朗西斯科

谷心高尔夫球俱乐部（CordeValle），圣马丁

卡多卡扎高尔夫球网球俱乐部（Coto de Caza Golf & Racquet Club，36洞）[3]，卡多卡扎市

被城市土地学会评为2000年度完美国家奖。

碧泉高尔夫球俱乐部（Crystal Springs Golf Course）[3]，圣马特奥镇

沙漠沙丘高尔夫球俱乐部（Desert Dunes Golf Club），沙漠温泉镇

都柏林洛奇高尔夫球俱乐部（Dublin Ranch Golf Course），都柏林

森林草场高尔夫球俱乐部（Forest Meadows Golf Course），卡拉维拉斯镇

格兰杜拉乡村俱乐部（Glendora Country Club）[3]，格兰杜拉

菜鸟溪高尔夫球俱乐部（Greenhorn Creek Golf Course）[3]，天使营

尼特湾高尔夫球俱乐部（Granite Bay Golf Club），尼特湾，奥杜邦信号神殿

大庄园高尔夫球俱乐部（Hacienda Golf Club）[3]，拉哈布拉市

拉古纳希卡高尔夫球俱乐部（Laguna Seca Golf Club）[1]，蒙特利市

美国

圣斯蒂娜湖高尔夫球胜地（Lake Shastina Golf Resort，36洞），韦德市

门洛乡村俱乐部（Menlo Country Club）[3]，伍德赛德

米慎维埃和乡村俱乐部（Mission Viejo Country Club）[3]，米慎维埃和市

孟娜奇海滩高尔夫球林克斯球场（Monarch Beach Golf Links），丹纳岬

帕洛阿尔托市政高尔夫球俱乐部（Palo Alto Municipal Golf Course）[3]，帕洛阿尔托市

帕斯蒂摩波高尔夫球俱乐部（Pasatiempo Golf Club）[3]，圣克罗兹市

帕普山高尔夫球俱乐部（Poppy Hills Golf Course）[3]，卵石湾

　　AT&T职业业余冠军赛；北卡高尔夫球协会会员场地。

拉昆塔牧场乡村俱乐部（Rancho La Quinta Country Club），拉昆塔市

圣马克斯高尔夫球俱乐部（Rancho San Marcos Golf Course）[3]，圣巴巴拉市

　　被《美国高尔夫球协会杂志》评为顶级美国公众高尔夫球场之一。

山脊高尔夫球场（The Ridge Golf Course），女子高尔夫球协会冠军赛场地，奥本市

南卡罗来纳高尔夫球会员俱乐部（The SCGA Members' Club 9洞）[1]，塔市

圣盖博乡村俱乐部（San Gabriel Country Club）[3]，圣盖博市

圣罗莎乡村俱乐部（Santa Rosa Country Club）[3]，圣罗莎市

塞拉诺乡村俱乐部（Serrano Country Club），埃尔多拉多山

　　高尔夫球高级职业巡回赛场地。

海岸线高尔夫球林克斯球场（Shoreline Golf Links），山景城

西尔维拉多乡村俱乐部（Silverado Country Club & Resort，36洞）[1]，纳帕谷

斯坦福大学高尔夫球俱乐部（Stanford University Golf Club）[3]，帕洛阿尔托市

西班牙湾林克斯球场（The Links at Spanish Bay）[2]，卵石湾

　　被《高尔夫文摘》评为1987年最好的新建高尔夫球胜地；被《高尔夫文摘》评为美国前100名高尔夫球场；被《高尔夫》杂志评为美国前100名高尔夫球场；被奥杜邦联合圣殿评价为美国顶级高尔夫球胜地。

斯普林瓦利湖乡村俱乐部（Spring Valley Lake Country Club），胜利谷

斯阔溪胜地（Resort at Squaw Creek），奥林匹克谷

　　被《高尔夫》杂志评为胜地球场前十名；奥杜邦联合圣殿球场。

温彻斯特乡村球场（Winchester Country Club），维斯塔草地

康特拉柯斯达县乡村俱乐部（Contra Costa Country Club）[3]，普莱臣山

斯坦福大学塞贝尔训练场地（Seibel Practice Facility），斯坦福

科罗拉多州

箭头高尔夫球俱乐部（Arrowhead Golf Club），立托顿镇

海狸溪高尔夫球俱乐部（Beaver Creek Golf Club），埃文河

王冠峰球场（The Club at Crested Butte），王冠峰

基斯通牧场度假村高尔夫球场（Keystone Ranch Golf Course），楔石

滚石牧场高尔夫俱乐部（Rollingstone Ranch Golf Club），斯廷博特斯普林斯

美国

犹特溪高尔夫球场（Ute Creek Golf Course），特市

明水俱乐部（Brightwater Club），石膏维尔谷

佛罗里达州

庆典高尔夫俱乐部（Celebration Golf Club）[1]，庆典

开创者高尔夫俱乐部（The Founders Golf Club），萨拉索塔市

肯辛顿高尔夫乡村球俱乐部（Kensington Golf & Country Club）[3]，那不勒斯市

桑德斯廷拉文高尔夫球俱乐部（Raven Golf Club at Sandestin），德斯坦

　　被佛罗里达高尔夫球协会评为佛罗里达最好的新进球场。

希斯顿山乡村俱乐部（Weston Hills Country Club，36洞）

　　希斯顿职业高尔夫球巡回赛球场。

温莎俱乐部（Windsor），弗隆滩

　　世界职业高尔夫球父子挑战赛球场。

总统乡村俱乐部（President Country Club）[3]，西棕榈滩

佐治亚州

伍德蒙特高尔夫球乡村俱乐部（Woodmont Golf & Country Club），乔治城

夏威夷

奇亚胡纳高尔夫球俱乐部（Kiahuna Golf Club），普依普海滩，考艾岛

马凯那高尔夫球场（The Makena Golf Courses，36洞），毛伊岛

莫纳克亚海湾酒店高尔夫球场（Mauna Kea Beach Hotel Golf Course），卡姆艾拉镇

普依普海湾胜地球场（Poipu Bay Resort Golf Course），柯乐亚，考艾岛

　　世界职业巡回赛大满贯球场。

普林斯维尔马凯球场（Princeville Makai）[3]，普林斯维尔，考艾岛

　　王子球场（Prince Course）[3] 被《高尔夫文摘》评为百大球场、夏威夷冠军球场；

　　马凯球场（Makai Course，27洞），1978年世界杯球场。

维克洛亚海湾球场（Waikoloa Beach Course），维克洛亚

维克洛亚村球场（Waikoloa Village Golf Club），维克洛亚村

威雷亚高尔夫球场（Wailea Golf Club），威雷亚，毛伊岛

　　黄金球场（Gold Course）；青逐洞赛球场；

　　翡翠球场（Emerald Course）。

欧胡岛乡村俱乐部（Oahu Country Club）[3]，檀香山

爱达荷州

埃尔克霍恩高尔夫球俱乐部（Elkhorn Golf Club），太阳谷

太阳谷高尔夫球俱乐部（Sun Valley Golf Course），太阳谷

落叶松胜地（Tamarack Resort），麦考尔

伊利诺伊州

宝树高尔夫球乡村俱乐部（Crystal Tree Golf & Country Club）[3]，奥兰多公园

草地高尔夫球俱乐部（Prairie Landing Golf Club）[3]，西芝加哥

雷鹰高尔夫球俱乐部（ThunderHawk Golf Club），海滩公园

　　奥杜邦签名圣殿球场。

美国

 印第安纳州

草原景观高尔夫球俱乐部（Prairie View Golf Club），卡梅尔

 堪萨斯州

克雷斯特维尤乡村俱乐部（Crestview Country Club，27洞，南场9洞为后建）[1]，威奇托市

鹿溪高尔夫球俱乐部（Deer Creek Golf Club），欧弗兰帕克市

 路易斯安那州

凯旋高尔夫球乡村俱乐部（Le Triomphe Golf & Country Club），布罗萨德

耐克路易斯安那公开赛球场。

 缅因州

休格洛夫高尔夫球俱乐部（Sugarloaf Golf Club），卡拉巴萨特谷

被《高尔夫文摘》先后评为新英格兰第一高尔夫球场、缅因州第一高尔夫球场。

周日河高尔夫球场（Sunday River Golf Club），纽里

 马萨诸塞州

查特尔奥克乡村俱乐部（Charter Oak Country Club），哈德孙河

 密歇根州

果园高尔夫球场（The Orchards Golf Club），华盛顿

美国业余海滩冠军赛场地。

 明尼苏达州

美国爱丁堡球场（Edinburgh USA）[3]，布鲁克林公园

美国高尔夫球协会海滩冠军赛场地；美国女子职业高尔夫球赛场地。

克里根纪念球场（Legacy Courses at Cragun's，45洞），纳德

奥杜邦签名圣殿球场。

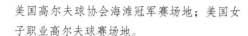 **密苏里州**

高山泉乡村俱乐部（Highland Springs Country Club），斯普林菲尔德

蒂芙尼果岭球场（Tiffany Greens Golf Club），堪萨斯城

 内华达州

茵克莱村高尔夫球俱乐部（The Golf Course at Incline Village），茵克莱村

精英球场，难度高。

雷克湖高尔夫球场（Lake Ridge Golf Course）[1]，里诺市

红鹰胜地（The Resort at Red Hawk，湖区球场），斯帕克斯市

奥杜邦签名圣殿球场。

南部高地高尔夫球俱乐部（Southern Highlands Golf Club），拉斯维加斯

被《高尔夫球周刊》评为美国百大现代球场，是高尔夫球协会拉斯维加斯邀请赛球场。

西班牙小径乡村球场（Spanish Trail Country Club，27洞），拉斯维加斯

 新泽西州

霍斯恩高尔夫球俱乐部（Haworth Golf Club），霍斯恩

 新墨西哥州

普韦布洛柯契地高尔夫球场（Pueblo de Cochiti

美国

Golf Course），柯契湖

人工喷淋高尔夫俱乐部（The Golf Club at Rainmakers），阿尔托

纽约州

科洛尼尔斯普林斯高尔夫球场（Colonial Springs Golf Course），法明代尔市

新草地乡村俱乐部（Fresh Meadow Country Club），成功湖

盐湖城乡村俱乐部（Midvale Country Club）[3]，潘菲尔德

塞内卡山核桃木教鞭高尔夫俱乐部（Seneca Hickory Stick Golf），刘易斯顿

图灵石赌场胜地克罗亚特高尔夫球俱乐部（Kalúhyat Golf Club at Turning Stone Casino Resort），维罗纳

　　奥杜邦签名圣殿球场。

长岛国家高尔夫球俱乐部（Long Island National Golf Club），河源镇

北卡罗来纳州

爱宝乡村俱乐部（Rock Barn Golf & Spa），考诺维尔

位于岩石库高尔夫温泉的罗伯特·特伦特·小琼斯球场（Robert Trent Jones Jr. Course at Rock Barn Golf & Spa），考诺维尔

塞阔雅国家高尔夫俱乐部（Sequoyah National Golf Club），彻罗基

北达科他州

牛轭乡村俱乐部（Oxbow Country Club），奥克斯博

俄克拉何马州

爱国者俱乐部（The Patriot），奥瓦索市

俄亥俄州

杰弗逊高尔夫球乡村俱乐部（Jefferson Golf & Country Club），布莱克里克市

伟吉伍德高尔夫球乡村俱乐部（Wedgewood Golf & Country Club），鲍威尔市

俄勒冈州

老鹰崖高尔夫球场（Eagle Point Golf Course），麦德福市

尤金乡村俱乐部（Eugene Country Club）[1]，尤金市

　　被《高尔夫文摘》评为世界百大高尔夫球场。

鹭湖高尔夫球场（Heron Lakes Golf Course，又称"绿背球场"、"大蓝鹭球场"）[1]，波特兰市

　　被《高尔夫文摘》评为75大公众球场；美国高尔夫协会国家公众林克斯冠军球场。

太阳河胜地（Sunriver Resort，树林球场），太阳河

波多黎各自由邦

巴伊亚海滩圣地高尔夫俱乐部（Bahia Beach Resort and Golf Club），格兰德

多拉多海滩东部球场（Dorado Beach East Course）[3]，多拉多海滩

得克萨斯州

马蹄湾胜地（Horseshoe Bay Resort，光滑岩球场）[1]，马蹄湾

拉斯科利纳斯高尔夫球俱乐部（Las Colinas Golf Club），欧文市

　　布莱恩·尼尔森传统高尔夫球巡回赛场地。

磨溪酒店乡村俱乐部（Mill Creek Inn & Country Club），萨拉多河

密拉蒙高尔夫球俱乐部（Miramont Golf

美国

Club），布赖恩市

天溪牧场高尔夫球俱乐部（Sky Creek Ranch Golf Club），科勒市

马克斯·A·曼德尔高尔夫球场（Max. A Mandel Golf Course），拉雷多

弗吉尼亚州

兰斯当顿胜地（Lansdowne Resort），里斯堡

华盛顿州

钱伯斯湾（Chambers Bay），大学区

威斯康星州

森特沃德高尔夫球俱乐部（SentryWorld Golf Club）[3]，斯蒂文斯伯恩特市

　　被《高尔夫文摘》评为最好的新进球场，奥杜邦圣殿计划球场。

大学岭高尔夫球场（University Ridge Golf Course），维罗纳

　　被《高尔夫文摘》评为最好的新进公众球场。

怀俄明州

杰克逊洞高尔夫球网球俱乐部（Jackson Hole Golf & Tennis Club）[1]，杰克逊市

　　被《高尔夫文摘》评为怀俄明州最佳球场；美国高尔夫球协会公众冠军林克斯球场。

三皇冠高尔夫俱乐部（Three Crowns Golf Club），卡斯帕尔

其他

中国

海逸酒店高尔夫球俱乐部（Harbour Plaza Golf Club，27洞），广东省东莞市

　　被《亚洲高尔夫月刊》评为亚洲最佳球场。

昆明阳光高尔夫球俱乐部（Kunming Sunshine Golf Club），云南省昆明市

上海国际高尔夫球乡村俱乐部（Shanghai International Golf & Country Club），上海市

春城高尔夫球湖泊胜地（Spring City Golf & Lake Resort，又称"湖泊球场"），云南省昆明市

　　被《亚洲高尔夫月刊》评为亚洲最佳球场。

海峡奥林匹克高尔夫球俱乐部（Trans Strait Golf Club），福建省福州市

亚龙湾高尔夫球俱乐部（Yalong Bay Golf Club），海南省三亚市

　　三亚公开赛球场。

颖奕安亭高尔夫俱乐部（Enhance Anting Golf Club），上海市

长白山高尔夫和滑雪胜地（Changbaishan Golf and Ski Resort，36 holes)，吉林省

扬升乡村俱乐部（Sun Rise Country Club），杨梅市（台湾地区）

大溪高尔夫球乡村俱乐部（Ta Shee Golf & Country Club），桃园县（台湾地区）

　　芝华士精英赛球场。

愉景湾高尔夫球俱乐部（Discovery Bay Golf Club），大屿山（香港地区）

澳大利亚

凯悦库伦球场（Hyatt Regency Coolum），昆士兰州

　　澳大利亚高尔夫球职业冠军赛球场；被《高尔夫文摘》评为澳大利亚顶级场地。

君达乐胜地（Joondalup Resort，27洞），佩

其他

斯市

草地泉乡村俱乐部（Meadow Springs Country Club），曼哲拉市

舒克海角胜地（Cape Schanck Resort），舒克海角，维多利亚港

国家高尔夫球俱乐部（The National Golf Culb），舒克海角，维多利亚港

奥地利

萨尔斯堡高尔夫球俱乐部（Salzburg Golf Club）[3]，萨尔斯堡

加拿大

惠斯勒城堡高尔夫球俱乐部（Chateau Whistler Golf Club），惠斯勒，B.C.

　　被《高尔夫文摘》评为1993年加拿大新近最佳高尔夫球场。

格伦科高尔夫球乡村俱乐部（Glencoe Golf & country Club，45洞）[3]，亚伯达省卡尔加里市

湿地高尔夫球场（The Marshes Golf Club），安大略省渥太华市

野花高尔夫球场（Wildflower Golf Course，9洞，私人球场）不列颠哥伦比亚省，斯图尔特岛，大港

加勒比海地区

（包括阿鲁巴岛，巴哈马群岛，巴巴多斯和尼维斯）

提拉德索胜地（Tierra del Sol Resort），欧蓝斯塔，阿鲁巴港

　　壳牌美妙世界高尔夫球场。

我们的卢卡娅里夫球场（Our Lucaya Reef Course），大巴哈马岛

　　百年灵职业业余球场。

皇家威斯特摩兰（Royal Westmoreland），

圣·詹姆斯，巴巴多斯港

　　壳牌美妙世界高尔夫球场。

尼维斯四季胜地球场（Four Seasons Resort Nevis），西印度群岛

　　入选《贵族学术旅行家》黄金榜。

哥伦比亚

马赛德叶加斯乡村俱乐部（Mesa De Yeguas Country Club，27洞），安坡码

卡吉卡埃尔林康俱乐部（Club El Rincon de Cajica）[3]，波哥大

耶瓜斯梅萨乡村俱乐部（Mesa de Yeguas Country Club，27洞），安娜坡玛

哥斯达黎加

千盐湖外滩胜地加拉罗恩高尔夫球俱乐部（Carra de Leon Golf Course at Playa Conchal Resort），斯特省

热索瓦康克尔高尔夫俱乐部（Reserva Conchal Golf Club）[3]，哥斯达黎加

斐济

南太平洋的珍珠锦标赛高尔夫球场&乡村俱乐部（The Pearl South Pacific Championship Golf Course and Country Club），太平洋港

芬兰

拉西卡斯基高尔夫球场（Ruuhikoski Golf Course），诺姆

法国

猫头鹰堡高尔夫球俱乐部（Golf du Château de la Chouette），伊夫林省盖永叙尔蒙谢

堡都司高尔夫球场，特伦斯球场（Golf de Bondues, Le Parcours Trent Jones Blanc）[1]，堡

其他

都司，塞德斯

波塞高尔夫乡村俱乐部（Golf & Country Club de Bossey），波塞省卡尔文市

格鲁诺布尔高尔夫球俱乐部（Grenoble Golf Club），格鲁诺布尔

圣·多拿教堂高尔夫球场（Golf de Saint Donat），格拉斯

普罗旺斯王子球场（Le Prince de Provence Golf Club）[1]，瓦度巴

被《标志高尔夫指南》评为欧洲第一球场。

巴博西里维埃拉高尔夫俱乐部（Riviera Golf de Barbossi），拉纳普勒

丹麦

卢比克尔高尔夫圣地（Lubker Golf Resort，27洞，高尔夫学院），日德兰半岛

斯兰格鲁普高尔夫中心琼斯场地（Skjoldenaesholm Golf Center Jones Course），雅斯特鲁普

斯堪的纳维亚高尔夫俱乐部（The Scandinavian Golf Club，36洞），法鲁姆

德国

瑟德那尔斯高尔夫球俱乐部（Golf und Country Club Seddiner See）

被《标致高尔夫指南》评为德国第一球场。

希腊

科斯塔纳瓦里诺湾球场（Costa Navarino Bay Course），波洛斯

印度

皇家温泉高尔夫球场（Royal Springs Golf Club），斯利那加市，克什米尔

印度尼西亚

潘台印达卡普海滨球场（Pantai Indah Kapuk Course），北雅加达地区

潘多银达高尔夫球场（Pondok Indah Golf Club）[3]，南雅加达地区

1983年世界杯赛场地。

意大利

卡斯特罗安妥诺拉球场（Castello de Antognolla Golf Course），恩波迪迪市

巴格娜伊亚皇家高尔夫圣地、锡耶纳–罗塞塔特尔得伊考索利高尔夫俱乐部（Royal Golf la Bagnaia，Siena-Grosetto Terre dei Consoli Golf Club），蒙特梭利

日本

樱桃山高尔夫球俱乐部（Cherry Hills Golf Club，27洞），美树，兵库县

乡村俱乐部（The Country Club），信乐町，志贺县

伊斯特伍德乡村俱乐部（Eastwood Country Club），栃木县

富士乡村俱乐部（Fuji Country Ichihara Club），千叶市

黄金谷高尔夫球俱乐部（Golden Valley Golf Club），兵库县西脇

日本公开赛球场。

函馆–大沼王子高尔夫球场（Hakodate-Onuma Prince Golf Course），北海道

北海道乡村俱乐部（Hokkaido Country Club，又称"大沼球场"），北海道

轻井泽72洞高尔夫球场（Karuizawa Golf 72，四个18洞球场），轻井泽，群马县

加贯高尔夫球俱乐部（Katsura Golf Club），北海道

其他

位列日本前十名的球场。

帝王山乡村俱乐部（King Hills Country club），熊本市

康州高尔夫球俱乐部（Kinojo Golf Club），冈山市

美穗高尔夫球俱乐部（Miho Golf Club），茨城县

日本公开赛球场。

那须高原高尔夫球俱乐部（Nasu Highland Golf Club），黑矶，栃木县

橡树山乡村俱乐部（Oak Hills Country Club），千叶县

松树湖高尔夫球俱乐部（Pine Lake Golf Club），兵库县西脇

雷格斯峰顶高尔夫球俱乐部（Regus Crest Golf Club，皇家球场，又称"大满贯球场"），广岛市

札幌王子高尔夫球俱乐部（Sapporo Prince Golf Club，36洞），北海道

信乐乡村俱乐部（Shigaraki Country Club，又称"杉山球场"）[3]，信乐町

零石高尔夫球场（Shizukuishi Golf Course，最初为18洞），高藏区

春田高尔夫球俱乐部（Springfield Golf Club），多治见市

太阳山乡村俱乐部（Sun Hills Country Club，36洞），栃木县

索菲亚高尔夫球俱乐部（Zuiryo Golf Club），岐阜

韩国

阿尔卑希亚高尔夫乡村俱乐部（Alpensia Golf and Country Club），江原道

安阳班尼斯特高尔夫球俱乐部（Anyang Benest Golf Club），军浦市，京畿道

橡树谷乡村俱乐部（Oak Valley Country Club，36洞）原州市，江原道

乐天高尔夫球俱乐部（Sky Hill Jeju Golf Club，36洞），济州岛

龙平高尔夫球俱乐部（Yongpyong Golf Club），江原道

现化星宇滑雪度假村奥斯塔高尔夫俱乐部（Ostar Country Club at Hyundai Sungwoo Resort，36洞），横城郡；全罗南道莞岛彩虹山乡村俱乐部（Kang-wan-do Rainbow Hills Country Club，27洞），阴城郡，忠清北道

马来西亚

武吉占姆乡村俱乐部（Bukit Jambul Country Club），槟城

迪沙鲁高尔夫球胜地（Desaru Golf & Country Resort），柔佛

绿野高尔夫球胜地俱乐部（The Mines Resort & Golf Club），梅代尔帕德

1999年世界杯高尔夫球赛场地；被《亚洲高尔夫月刊》评为亚洲最佳球场。

蒲莱泉胜地集团球场（Pulai Springs Resort Berhad），柔佛

被《亚洲高尔夫月刊》评为亚洲最佳球场。

墨西哥

卡博里尔高尔夫球场（Cabo Real Campo de Golf），卡波圣卢卡斯

帕尔马利尔高尔夫球场（Club de Golf Palma Real），格雷罗州，伊斯塔帕

艾斯特雷纳德尔玛高尔夫球场（Estrella del Mar），马萨特兰市

里维埃拉玛雅高尔夫俱乐部（Riviera Maya Golf Club），里维埃拉玛雅

其他

新西兰

海湾港乡村俱乐部（Gulf Harbour Country Club），方哥帕洛阿

　　1998年世界杯高尔夫球赛场地。

荷兰

拉赫沃西社会球场（Golfsociëteit De Lage Vuursche），登都勒

挪威

巴耶维恩高尔夫球俱乐部（Bjaavann Golfklubb），克里斯蒂安桑市

赫鲁兹马克高尔夫球场（Holtsmark GolfKlubb），雷尔市

马凯拉加德高尔夫球俱乐部（Miklagard Golf Club），奥斯陆市

　　被《标致高尔夫指南》评为欧洲二十大球场；挪威第一球场。

菲律宾

巴科洛德乡村俱乐部（Alabang Country Club），文珍俞巴市，马尼拉大都会

阿亚拉绿地房地产俱乐部（Ayala Greenfield Estates Golf & Leisure Club），拉古娜岛

卡拉塔加高尔夫球俱乐部（Calatagan Golf Club），巴坦加斯

阆璐邦高尔夫球乡村俱乐部（Canlubang Golf & Country Club，36洞），拉古娜岛

路易西塔乡村俱乐部（Luisita Country Club）[3]，打拉

普韦布洛奥罗高尔夫球乡村俱乐部（Pueblo de Oro Golf & Country Club），卡格扬德奥罗市

斯塔·艾拉娜高尔夫球俱乐部（Sta. Elena Golf Club，27洞），拉古娜河

　　1996年世界业余队冠军赛球场；被《亚洲高

尔夫月刊》评为亚洲最佳球场。

顶峰球场（Summit Point Golf Club），巴坦加斯

葡萄牙

佩尼亚龙加高尔夫球场（Penha Longa Golf Club，27洞），辛特拉，葡萄牙公开赛球场

奥里雅哥斯达黎加海滩高尔夫圣地（Onyria Palmares Beach & Golf Resort，27洞），拉哥斯，阿尔加维

俄罗斯

莫斯科乡村俱乐部（Moscow Country Club），莫斯科纳哈比诺

　　俄罗斯公开赛球场；欧洲巡回赛球场。

新加坡

来佛士乡村俱乐部（Raffles Country Club，36洞）

南非

野岸太阳乡村俱乐部（Wild Coast Sun Country Club），爱德华港

西班牙

阿坎拿大高尔夫球场（Club de Golf Alcanada），马洛卡岛

波芒特托雷斯诺维斯高尔夫球俱乐部（Bonmont Terres Noves Golf & Country Club），塔拉戈纳

马德里耶罗普尔球场（Real Club de la Puerta de Hierro），马德里

瑞典

布洛霍夫斯洛特高尔夫俱乐部（Bro Hof Slott Golf Club，体育场和城堡球场），斯德哥尔摩

小罗伯特·特伦特·琼斯设计的高尔夫球场

其他

泰国

东方之星高尔夫球乡村俱乐部（Eastern Star Golf & Country Club），班加莱，罗永府

绿色山谷乡村俱乐部（Green Valley Country Club），曼普利，北榄府

纳威塔恩高尔夫球俱乐部（Navatanee Golf Course），曼谷

　　1975年世界杯高尔夫球场。

总统乡村俱乐部（President Country Club，36洞），曼谷

圣塔布里高尔夫球俱乐部（Santiburi Golf Club），清莱

阿联酋

艾尔阿尔高尔夫胜地（Al Badia Golf Resort），迪拜

英国

凯尔特庄园胜地（The Celtic Manor Resort，温特伍德山），新港，威尔士

　　2010瑞德杯场地；欧洲世界高尔夫球协会凯尔特庄园公开赛球场。

威斯利高尔夫球俱乐部（The Wisley Golf Club，27洞）³，里普利郡、沃金郡、萨里郡

瓦努阿图

白沙滩高尔夫球场（WhiteSands Golf Course），维拉港，埃法特岛

1. 作者与老罗伯特·特伦特·琼斯作者协作球场；
2. 与汤姆·沃特森和弗兰克·"沙子"·塔特姆合作；
3. 由作者重新建模而成。

297

致　谢

　　青少年时期，我曾在翼脚高尔夫球俱乐部练球。那时高尔夫传奇人物汤米·阿莫曾教给我许多高明的击球技术，同时还给我讲述了很多高尔夫故事和苏格兰的传奇。也正是他告诉我在苏格兰各个球场因为特征不一而被赋予了不同的名字，那也是我生平第一次听说高尔夫球场也有个性。就这样，35年前他便为我写这本书播下了灵魂之种。

　　这本书是一群高手共同努力的结晶。在此我只能列举少许人，但我希望借此机会向所有那些曾为我慷慨倾注时间、给予我帮助的人致以最诚挚的谢意。

　　首先要感谢我富有创造性的父亲和充满智慧的母亲，是他们把我带到人世间并引领我迈进神圣美好的高尔夫殿堂。我很享受设计和建造球场的过程，它给予我一种极大的满足感，让我觉得自己是世界上最幸福的人之一。其次要感谢我的妻子克莱本（Claiborne），是她始终如一地支持、鼓励着我。此外，她还作为一名非正式编辑帮助我把这本书调整得更加顺畅。

　　高尔夫最令我着迷的一面便是参与高尔夫运动的人。在此我要感谢唐·诺特（Don Knott）和布鲁斯·查尔顿（Bruce Charlton）二人，他们不仅是高尔夫业界极具天赋的场地设计师，也是我们人类的璀璨星辰。无论是作为个体还是团队在世界范围内与他们合作项目，我都觉得身心愉悦。此二人的勤勉研究和无私奉献为本书添色不少。同时我还想向我的助理古珍·努南（Gudren Noonan）致谢，感谢她孜孜不倦的付出。

　　我还要感谢小布朗出版公司的全体成员，特别要感谢编辑泰瑞·亚当斯（Terry Adams）和萨拉·布伦南（Sarah Brennan），感谢他们为该书提出了很多重要意见。同时还要感谢前主编比尔·菲利普斯（Bill Phillips），感谢他在整本书创作中所倾注的坚定信念和给予的有效指导。

这本书的面世还获益于布拉德·克莱恩（Brad Klein）和洛恩·鲁宾斯坦（Lorne Rubenstein）的大力支持。这两位世界一流的高尔夫作家对此书给予了无微不至的指导，使其在表述上更加清楚，并且他们还帮我确认书中所陈述事实的准确性。许多朋友都读过该书的初期草稿并相应为其做出了自己的贡献，尤为值得一提的是比尔·波拉克（Bill Pollak）、罗恩·达比（Ron Dalby）、保罗·福尔摩（Paul Fullmer）、奥尔·福伯（Al Furber）、理查德·瓦科斯（Richard Wax），以及麦克·卡勒（Mike Kahler）。

除了我们自己图书馆的图库照片外，著名摄影家约翰·赫耐布雷（John Henebry）、珍妮·赫耐布雷（Jeannine Henebry）、布莱恩·摩根（Brian Morgan）、托尼·罗伯茨（Tony Roberts），以及我的女儿塔丽娅费罗·琼斯（Taliaferro Jones）也贡献了大量的摄影作品，为读者打造了一场美妙的视觉盛宴。此书中大多数优质的图画作品都是由我公司职员泰·巴特勒（Ty Butler）绘制的，而这些图画使文中一些高尔夫规则、章法和概念原理跃然纸上。平面设计师毛里西奥·阿里亚斯（Mauricio Arias）和凯瑟琳·理查德（Catherine Richard）出色地完成了该书的排版，蕾妮·莱佛罗（Renee Reflow）也将第二版的封面设计得非常完美。

借此机会，我希望表达对史蒂夫·施罗德（Steve Schroeder）和出色的高尔夫专栏作家马克·索尔陶（Mark Soltau）的感激之情，感谢史蒂夫一直以来的努力付出，充实丰富并组织了书中的各种信息；感谢马克帮助我敲定了此书的最终版本。最后，我由衷地感谢我的挚友、我的私人指导顾问布莱克·斯塔福德（Blake Stafford）。他忘我地工作，为本书倾注了无数的智慧和汗水，让我对他的感激之情着实溢于言表。